U0899586

CHINA'S
NEW INDUSTRIAL TOWN OPERATIONAL
THEORY AND PRACTICE

中国产业新城运营理论与实践

中 国 指 数 研 究 院

图书在版编目（CIP）数据

中国产业新城运营理论与实践 / 中国指数研究院著. —北京：中国发展出版社，2018.4

ISBN 978-7-5177-0836-0

Ⅰ. ①中… Ⅱ. ①中… Ⅲ. ①市建设—研究—中国 Ⅳ. ①TU984.2

中国版本图书馆CIP数据核字（2018）第042991号

书　　名：中国产业新城运营理论与实践
著作责任者：中国指数研究院
出 版 发 行：中国发展出版社
（北京市西城区百万庄大街 16 号 8 层　100037）
标 准 书 号：ISBN 978-7-5177-0836-0
经　销　者：各地新华书店
印　刷　者：三河市东方印刷有限公司
开　　本：710mm × 1000mm　1/16
印　　张：14
字　　数：178 千字
版　　次：2018 年 4 月第 1 版
印　　次：2018 年 4 月第 1 次印刷
定　　价：72.00 元

联 系 电 话：（010）68990630　68990692
购 书 热 线：（010）68990682　68990686
网 络 订 购：http://zgfzcbs.tmall.com//
网 络 电 话：（010）88333349　68990639
本 社 网 址：http://www.develpress.com.cn
电 子 邮 件：bianjibu16@vip.sohu.com

编 委 会

序言 >>> PREFACE

新城发展演变已历经百余年，从 1898 年英国城市学家埃比尼泽•霍华德（Ebenezer Howard）提出了在城市附近建立新城的思想开始，世界发达国家开启了新的城市规划时代，新城经历了一个多世纪的迭代变幻，欣欣向荣。

从世界主要城市人口规模变化特征来看，后期崛起的国家其工业化带动城市人口规模增长的速度越来越快，一些大城市的“城市病”日益突出，对新城承接功能的需求也显得更为迫切。从产业发展的规律来看，一是产业发展在集群的环境下经济效益更为明显，产业布局从零散型、单一化，向集聚型、互补型方向发展是未来产业格局演变的趋势；二是产业梯度转移仍然在国与国之间、城市群与城市群之间、城市群内部的城与城之间进行着。一个不可忽视的现象是，在中国新型城镇化发展趋势下，来自产业和新城的两方力量正在汇合，一方面是新城的迭代发展要求有更加完善的城市就业功能，另一方面产业发展规律也要求利用更加完善的城市配套功能实现产业的转移和集聚。这两种力量的汇合，形成了当今时代经济驱动型产业新城的动力机制和发展脉络。为应对新一轮的产业变革和城市发展所需，国家实施区域协调发展、乡村振兴等发展战略，加快建设实体经济、科技创新、现代金融、人力资源协同发展的产业体系，在助推区域平衡发展的同时，传统产业不断优化升级、新兴产业继续蓬勃发展、农村人口向城镇转移，这将给产业新城带来更大的发展空间，产业与新城的结合也将不断深化。

在此背景下，中国指数研究院通过深入研究产业新城运营的相关理论、调研产业新城实践案例，最终形成《中国产业新城运营理论与实践》。全书分为三篇。第一篇为国内外产业新城发展概况，明确了产业新城研究的基本背景，系统梳理了产业新城的内涵及特征、产生的驱动力、产业新城发展历程与模式。第二篇为产业新城运营理论及实践，从产业发展、城市建设两个核心维度出发，重点阐述如何运营产业新城，最终形成“产城融合”格局。同时，结合当前产业新城融资发展新趋势，探讨了产融结合的问题，并在此基础上展望了产业新城的未来发展趋势。第三篇为产业新城运营实践案例，结合产业新城运营的核心评价体系，发掘产业新城实践中优秀企业的成功案例，同时研究发达国家产业新城运营的典型案例，以期共同为中国的产业新城建设提供有价值的参考。

本书强调理论与实践相结合，不仅具有丰富的理论支撑更有贴近现实的详实案例，突出全面性和实用性，希望对中国产业新城的持续发展有一定的启示。本书可供从事产业新城建设和运营的管理者、政府相关部门的决策者、实体产业的经营者、相关研究领域的科研工作者、教育工作者等人员参考之用。

在此，特别感谢华夏幸福、张江高科等优秀运营商为本书案例的撰写提供了大量企业、项目信息和资料，分享了企业在产业新城运营实践中取得的成功经验。他们在产业新城领域勇于探索和不断创新的精神，让我们看到了中国高质量城市城镇化前进的步伐和未来的希望。在此，我们代表编委会再次表示诚挚的谢意！同时，也十分感谢各位编委会专家的辛勤拨冗指点。

百余年前，当新城出现在思想家们脑海里时，其承担的仅仅是人口疏散的使命，然而，发展至今，新城具有了更加丰富的时代内涵与意义。产业新城将会在中国新型城镇化推进、优化区域发展格局、实施创新驱动战略、以创新引领实体经济转型升级的背景下生根发芽，一旦成熟，他们要像哺育文明的河流那样，承担起城市文明生产、贮存、传播的使命。我们对中国产业新城未来的发展充满了美好的憧憬，相信未来的产业新城带给人们的将不仅仅是新的经济增长高地，更是人们精神的家园和心灵新的归属。期待您在本书的阅读当中，感受到产业新城所蕴藏的无穷魅力！

中国指数研究院

2018 年 2 月

目录 >>> CONTENTS

第一篇　产业新城发展的理论与模式

第二篇 产业新城运营理论及实践

第三篇 产业新城运营实践案例

第一篇

产业新城发展的理论与模式

本篇系统阐述了国内外产业新城相关理论研究，界定了产业新城的概念、特征及运作模式。同时运用理论研究模型，分析了产业新城发展的驱动力，为研究国内外产业新城的发展路径奠定基础。

第一章　产业新城的理论概述

第一节　基本概念的界定

一、新城的概念

产业新城（New Industrial Town 或 Industry-based New Town）是一个相对崭新的概念，它是新型城镇化发展过程中的产物，是推动我国高科技产业集群发展，培育和集聚高科技企业、高水平人才的摇篮。要准确地界定产业新城，就必须首先对“新城”（New Town）的概念有一个清晰的认识。关于新城，英国地理学家 R. J. 约翰斯顿（Ronald John Johnston）所著的《人文地理学词典》将其定义为“一种独立、自给自足和社会平衡的城市中心，最初规划用于疏散来自附近的集合城市的人口和就业岗位”；英国的《简明大不列颠百科全书》则将其定义为“为了重新配置大城市的人口资源，使城市里的大量居民迁移到城市外围，并在那里建设工厂、商业、文化和医疗设施，形成相对独立的新社区”。从城市学的角度来讲，新城和新市镇在英文中都是“New Town”一词，仅存在翻译上的区别。我国台湾、香港地区将其译成“新市镇”，而内地一般译为“新城”，从侧面说明我们更加注重较大规模城镇的规划和建设。

新城的出现与人类工业化、城市化进程密切相关。工业革命后，城市化逐渐成为一种全球现象。从 19 世纪至今，世界人口增长了 6 倍，其中城市人口增长了近60倍，世界城市化发展先后经历了城市化（Urbanization）、郊区城市化（Sub-urbanization）、逆城市化（Counter-urbanization），再到再城市化（Re-urbanization）四个连续的过程。19世纪末，英国城市学家埃比尼泽·霍华德（Ebenezer Howard）在其名著《明日的田园城市》（Garden Cities of Tomorrow）中提出了理想主义与现实主义相结合的“田园城市”的概念，开创了现代意义上的比较前卫的城市规划理念。20世纪30年代，英国城市规划师雷蒙·恩温（Raymond Uniwin）提出了“卫星城”（Satelite town）的概念，替代了“田园城市”的思想。针对20世纪初期大城市过分扩张带来的弊病，1943年芬兰建筑师伊利尔·沙里宁（Eliel Saarinen）提出了有机疏散理论（Theory of Organic Decentralization），该理论强调新城的居住与就业的平衡，进而减少市民的通勤时间，缓解城市交通拥堵状况。

从城市规划的研究成果来看，新城是母城周边新的分散集团式中心，其作用不仅在于疏散人口，从而缓解潮汐式交通所造成的交通拥堵、空气质量下降、“空城”、中心城市空心化等“城市病”，而且解决了产业布局与城市发展需求不匹配的问题。新城建设是优化城市空间布局、缓解中心城区压力的一项重要战略。除了将中心城市已有的部分功能转移到新城中，新城内部也将重新针对人们的居住、工作、娱乐、购物、教育、医疗等进行城市级别的配套。1970年，美国《住房与城市发展法》中将新城分为以下四类：“大城市周边新建的新城；在原有城镇基础上扩建的新城；市区内改建或新建的住宅区，称为‘城中之城’；以及远离大城市，完全独立的新城。”张捷（2003）认为，真正意义上的新城具有完备的城市设施，是指那些“位于大城市郊区，有永久性绿地与大城市相隔离，交通便利、设施齐全、环境优美，能分担大城市中心城区的居住功能和产业功能，是具有相对独立性的城市社区”。杨卡（2012）认为，新城是具有相对综合的城市功能，与功能单一的新区、卫星城有所差别，有可能是新区或卫星城发展到成熟阶段的产物，根据功能不同，新城呈现为产业园区、居住区、大学城、综合性新城和尚未发展完善的新区等。《北京城市总体规划

（2004—2010）》则指出，新城是在原有卫星城基础上，承担市区人口和功能疏解，形成新的产业聚集，带动区域发展的规模化城市地区，具有相对独立性，2016～2035年总体规划中，明确顺义、大兴、亦庄、昌平、房山新城是承接中心城区适宜功能和人口疏解的重点地区，也是推进京津冀协同发展的重要区域。中国城市和小城镇改革发展中心研究员冯奎（2015）指出，广义上的新城新区是为政治、经济、社会、生态、文化等多方面需要，由主动规划与投资建设而成的相对独立的城市空间单元，包括：经济特区、经济技术开发区、高新技术产业开发区、保税区、边境经济合作区、出口加工区、旅游度假区、物流园区、工业园区、自贸区、大学科技园，以及产业新城、高铁新城、智慧新城、生态低碳新城、科教新城、行政新城、临港新城、空港新城等。综合以上研究，我们认为新城除了区位上靠近大城市外，更是综合型、独立性的城市，是完善的城市社区，而产业新城仅仅是不同类型新城模式中的一种。

自从新城的概念被广泛应用到国外城市建设中以来，发达国家的新城建设实践已经经历了一个世纪。根据发达国家的城市发展经验，可以总结出母城不同发展阶段对应的新城发展模式，其中，第一、第二阶段是新城建设的高峰期。

表1-1　　发达国家新城建设的发展过程

	第一阶段	第二阶段	第三阶段	第四阶段
城市发展阶段	快速工业化，大都市空间向外扩张	经济快速增长，都市内部饱和	经济持续增长	经济发展到中等发达水平
城市发展对策	控制城市人口过密	实行大规模产业基地的重点开发	区域多核心发展	控制区域过度集中
新城建设目的	解决城市问题，促进经济发展	通过大项目带动地区发展，实现人口产业转移	通过广域开发，实现区域内的功能整合	重视城市内部再生
新城的主要类型	卧城、卫星城、工业新城	功能完整的卫星城——区域增长中心	多种形式的新城出现——缓解大城市病	新城建设基本停止

资料来源：张尚武，《大城市地区的新城发展战略及空间形态》，中国指数研究院综合整理。

20世纪80年代以来，“新都市主义”（New Urbanism）逐渐成为新城建设和城市设计的主要趋势，该理论提出了新城建设思想：“邻里应该在人口成分和使用功能上体现多样性；社区设计应该为步行和公共交通以及机动车行驶服务；城市和城镇应该由物质环境明确并完全开放的公共空间和社区机构构成；应该由适应地方历史、气候、生态和建筑实践的建筑和景观设计来形成。”

目前，我国新城可以分为居住、产业、功能、向外拓展四类新城。其中，产业新城是大城市边缘区域经济发展最为迅速的地区。本书以产业新城为主要研究对象，同时广义地涵盖了部分高新区、产业园区等其他类型的新城新区。

二、产业新城的概念

在明确产业新城的概念之前，需要了解产业园区的概念。一般认为，产业（工业）园区是指以促进某一产业（工业）发展为目的而创造的特殊区位环境，通过资源共享，克服外部负效应，促进产业集群形成，带动关联产业发展。产业园区的性质和特点决定了产业集群的最终方向，形成产业园区与产业集群的良性互动，是区域经济发展的重要途径。在产业集群的引导下，推进产业（工业）园区建设不仅是当前发展产业集群的需要，也是加快新型工业化进程的必然选择。产业新城是产业（工业）园区在“城镇化”升级后的产物，是产城融合的结果。产业新城作为新城的一种类型，目前国内外存在多种解释。20世纪80年代，国外将产业新城定义为以一种或多种产业为主导，与中心城市距离较远，相对独立的产业（工业）园区。国外学者对韩国首尔、以色列新城等研究结果表明，产业新城在就业与居住等方面的独立供给能力是“产城一体化”的有效保障，同时新城建设能够有效促进人口的合理再分布。耶鲁大学产业环境管理专家Marian Chertow提出了“产业共生”的概念，即“促进在传统上相互独立的产业通过共同生产的方式获得竞争优势，这种方式主要包括生产过程中材料、能源、水、副产品流通和整合利用”。她认为“产业共生”的关键是通过地理上的“相邻”而促成生产上的合作和协同。英国科学园区协会（UKSPA）认为科学园区应具备以下标准：①科学园区与大学或其他高等教育机构、研究中心要有正式的经营上的联系。②科学园区的规划必须能促进以技术为基础的公司和其他组织在园区内的形成和发展。③必须有一个管理机构，以便专门从事园区内各组织间技术和经营技巧的转让。

20 世纪 80 年代，国内专家学者开始对产业新城的早期雏形——经济开发区进行了研究，张捷、张雪勇等人提出了产业新城建设的规划理念和管理模式；90 年代，陈旭东、洪铁成等对国外新城建设的经验进行了梳理；魏心镇、王辑慈等对产业空间布局进行了研究；吴敬琏和杨小凯对硅谷模式及高科技发展问题进行了深入研究，强调环境和制度对于科技创新的重要性，对我国开发区的前期研究产生了较大的影响。在国内，与产业新城相关的定义则更加侧重于依托产业园区，促进产业集聚，由此带动城镇建设，并最终形成产业发展基础较好、城市服务功能完善、边界相对明晰的城市综合功能区。与以解决城市病为目的的国外大多数新城不同，我国早期的产业新城、产业园区的目的主要以工业项目开发为先导，推动城镇化和地域经济发展。向世聪认为“产业园区是城市经济系统中的一部分，无时无刻不与城市的经济要素发生联系”。邵军认为“产业新城是指在特定的地域范围内，根据其自身的资源优势，按照设定的功能目标，以优先发展工业为导向，集中开发产业群体，从而实现区域资源的优化配置和产业结构的整体协调以及经济、社会、人文三者的可持续发展，最终形成组织、产业、机制创新的新型城区”。何军认为产业新城是指在新型城市化背景下，以产业开发为先导、以人为核心、以“产城融合”为理念，在原先的城区之外通过建设密集的产业园区、完善城市功能的同时，兼顾生态环境并与中心城市共同组成城市地域系统的特殊经济单元。《中国新城新区发展报告》则指出，产业新城是“在大城市主城区之外，以产业为先导、以城市为依托，能够达到产业高度聚集、城市功能完善、生态环境优美的新城新区，并且实现居住与就业的平衡，形成对大城市主城区的反磁力体系”。国家发展改革委明确表示，产城融合示范区是指“依托现有产业园区，在促进产业集聚、加快产业发展的同时，顺应发展规律，因势利导，按照产城融合发展的理念，加快产业园区从单一的生产型园区经济向综合型城市经济转型，并能够发展成为产业发展基础较好、城市服务功能完善、边界相对明晰的城市综合功能区”。

目前，在新型城镇化和城乡一体化背景下，以人为核心，以新城新区为载体，以“绿色、低碳、可持续”为发展要求，以调整产业结构、发展创新经济和战略性新兴产业为目标，最终实现“产城融合”（City-Industry Integration）的产业新城模式正成为县域经济发展的新形态。它是传统工业园区、新兴产业园区发展到一定阶段的高级形态，相对于这两者更加注重城市功能的区分和优化，产业的更新、升级和换代，生态发展的可持续性，最终达到“产—城—人—环境”协同发展的经济发展阶段。产业新城注重充分利用新技术、新理念，发挥“以城促产，以产带城”的理念优势，合理有效地利用资源，整合、优化城市管理和服务，降低发展过程中的“环境足迹”，促进创新和低碳经济发展，实现长远的、可持续性的现代发展路径。

整体来看，产业新城并不完全是新生事物，国内外已经有很多地区进行了规划建设实践。学术界对于新城的研究较为成熟，但中国对于产业新城的理论研究目前尚处于起步阶段，至今并未形成统一定义。但产业新城作为新城的一种聚集形式，基本解释异曲同工，多数学者都强调产业发展聚集的同时具备完善的城市功能。

综合以上理论研究经验，我们对产业新城做如下定义：产业新城是在市场化运营机制主导下，受中心城市或中心城区辐射并对其产生反磁力作用的、集良好产业基础及完整城市服务功能于一体的宜居宜业新城。其核心点包括：①以市场化运营机制为主导。②受中心城市或中心城区辐射带动，并能够对中心城市或中心城区产生反磁力作用。③除了具有良好的产业基础之外，产业新城还要具备完整的城市服务功能，并以实现产城融合为目标。

如华夏幸福产业新城旨在使所在区域实现经济发展、城市发展和民生保障三大目标，通过以产兴城、以城带产、产城融合、城乡一体、共同发展的模式，推进新型城镇化建设，为产业新城所在区域提供产业升级、经济发展的综合解决方案。

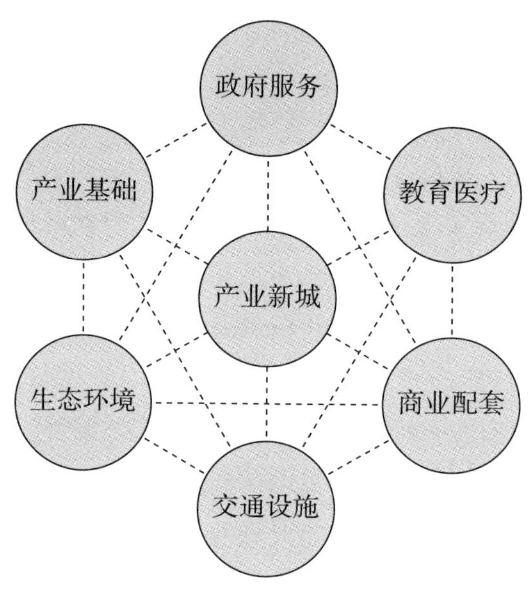

图 1-1 产业新城结构

资料来源：中国指数研究院综合整理。

产业新城的产生，其开发运营主体——产业新城运营商起着不可替代的作用。产业新城开发运营商是指以开发运营产业新城为发展方向，提供专业化、综合化的服务平台，为产业新城的规划、投资、运营、管理等提供一体化解决方案的实体企业。通过对国内外具有代表性的产业园区实践案例进行研究，可以发现"产业新城运营商"一般具有以下显著特征：①运营商是政府与市场间不可缺少的中间环节。②能够引导各方势力进行多层次、多渠道的全面合作，致力于积极搭建服务平台。③注重产业规划的前瞻性，城市发展的稳健性以及生态环境保护的可持续性。

第二节　产业新城的基本特征

产业新城除具有传统新城需要具备的特征之外，不同之处在于其产业的分量被放在重要的位置上。这种新城既不是田园新城，也不是旅游型新城，而是具备一定经济体量的经济型新城。总体来看，这种新城是能够提供全生命周期工作功能、居住功能的城市。结合已有的研究及相关的实践经验，综合来看，我们认为产业新城的基本特征主要涵盖四个主要方面：①产城融合。②位于区域中心城市辐射范围。③城市功能完善，生态环境宜居。④人口形成集聚并常住：产业功能与城市功能相融合，就业人口与居住人口结构匹配。

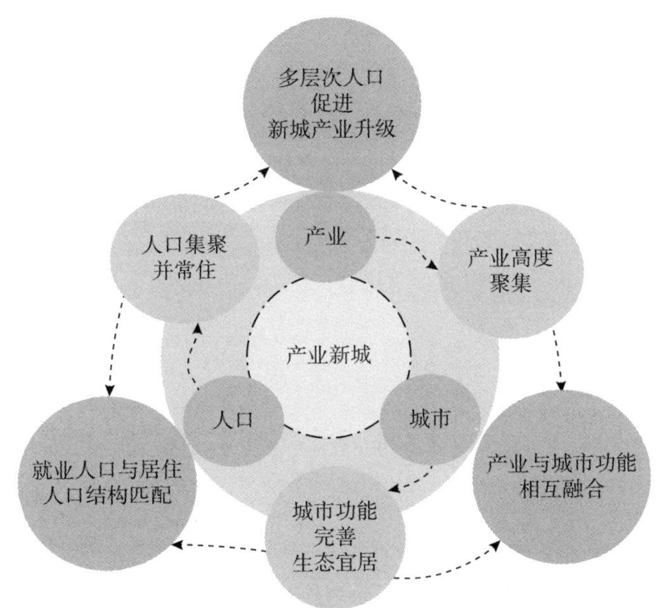

图 1-2　产业新城特征示意图

资料来源：中国指数研究院综合整理。

一、产城融合

纵观世界城市发展史，城市的发展模式从古代“以政治、军事为根本目的”的“政治城市”发展到现代“以工业、商业为核心功能”的“经济城市”，后期将向文化型城市迈进。产业新城作为城市形态的一种，目前应定位为“经济城市”。经济型城市强调城无产不兴，没有产业，产业新城将会成为“无源之水”“无本之木”；没有产业支撑，城市就会变成空城、卧城，后期的城镇化也将难以持续健康发展。产业是城市发展的推动力，城市是产业发展的载体，产业新城是产城互融模式的实践载体。

不同于传统的开发区和大城市周边的“睡城”，产业新城最显著的特征是“产城融合”（即“产城一体化”），是工业化与城镇化相结合的一种城市发展模式。所谓“产城融合”，主要是指通过人口、产业、配套设施和文化氛围等要素的聚集，形成“以产兴城、以城促产、产城相融”的良性发展格局。“产城融合”就是要促进产业与城市融合发展，以城市为载体，以产业为保障，承载城市空间，发展产业经济，驱动基本服务配套的不断完善，城市人口的不断增加，以实现产、城与人之间协调、可持续发展的模式。产业新城作为促进和提供各种要素进行碰撞的平台，本身所具有的优势使资本、产业和人口能够高效地聚集起来。“产城融合”本质上体现的是城市规划从功能主义向人本主义的回归。

20世纪80年代，由于“退二进三”战略的实施，我国城市内部工业企业纷纷迁移到郊区，新引入的项目也布局在郊区，“产城分离式”园区兴起。随着这些园区的不断发展，在为地方经济发展做出贡献的同时，其弊端也日益凸显。园区功能结构单一和产业结构欠优化导致的与区域发展脱节等问题逐渐成为制约园区长远发展的瓶颈和阻碍。

表1-2　“产城分离式”新城的主要特征

维度	
物理环境	空置房屋多、基础设施不足与低效使用并存、土地荒废等
经济发展	资本外流、房产持续贬值、土地市场萧条、公共财政紧缩、经济活力不足等
社会文化	卧城、人气不足、缺乏社会活力等

资料来源：中国指数研究院综合整理。

为了解决城乡建设与产业发展之间的不匹配协调问题，“十二五”以来，产城融合成为我国工业化和城镇化“双轮驱动”的发展方向。这就要求，产业新城的规划既要避免偏重于缺乏城市依托的“单一生产型园区经济”，又要避免缺乏产业和人口支撑的“土地城市化”，陷入“产城脱节”的困境和误区，形成“布局融合、功能复合、职住平衡、配套完善”的产业新城新区。

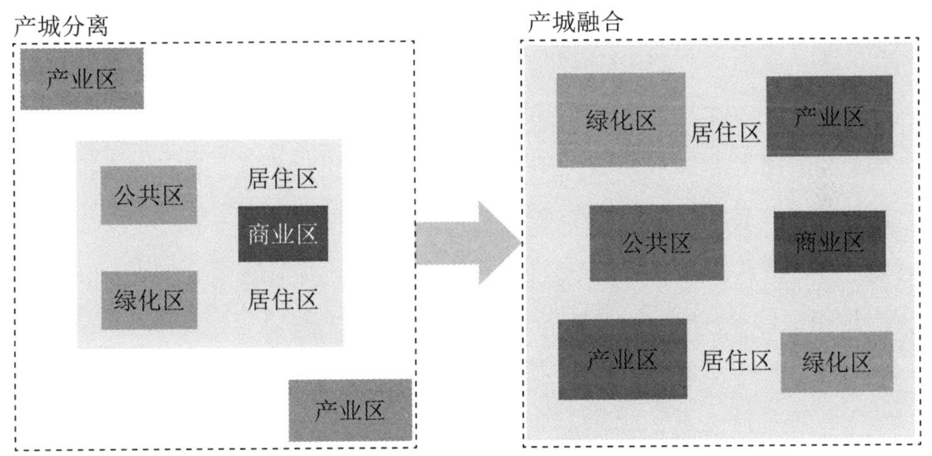

图 1-3　“产城分离”向“产城融合”过渡

资料来源：中国指数研究院综合整理。

2014 年 3 月发布的《国家新型城镇化规划（2014—2020 年）》提出，要“统筹生产区、办公区、生活区、商业区等功能区规划建设，推进功能混合和产城融合，在集聚产业的同时集聚人口，防止新城新区空心化”。吴瑞君等（2012）通过对上海松江新城、嘉定新城、浦东临港新城及部分新市镇的调研发现，上海郊区城镇体系现已取得明显成效，但是由于产业规划与人口规划、公共服务资源配置与人口结构匹配欠合理，新城发展过程中“职住分离”现象较为突出，通勤人口增加，交通压力加大。近年来，随着我国城镇化的快速推进，部分城市出现了“有城无产”或“有产无城”的现象，主要原因在于没有处理好“产、城”的关系，对“产”与“城”发展的匹配缺乏客观认识和全局规划。

根据我国产城一体化的发展实践，产城一体化的空间布局模式主要包括：①产包城模式，它是一种典型的产业包围居住的布局模式，即工业产业区位于生活居住区的外围。该模式的优点在于货运交通集中在城市外围，对居住区生活影响较小。②产镶城模式，即工业产业区和生活居住区按照需要布局在城市内部。这种模式比较适合规模较大的城市，可以有效利用土地，同时比较灵活，可以减少上班族的通勤时间。③产伴城模式，即工业产业区与生活居住区相分离的城市发展模式。这种模式避免了城市和产业的相互干扰，适宜于规模偏小的新城。

通过优化产业、城市、人口的空间布局，推动产城一体化发展正成为城市规划的世界潮流。“产城融合”的目的是实现产业与城市功能的协同发展，进而推动城市化与产业化的双向融合。其含义主要包括三个方面：①职住平衡（Jobs-housing balance）。职住平衡主要是通过产业区域与居住区域的混合分布，促进就近就业，避免长距离、潮汐式通勤。职住平衡可以有效降低通勤成本，缓解交通拥堵，提高空气质量，改善居民生活、工作品质。Robert Cervero （2007）通过研究20世纪80年代美国加州旧金山湾区的23个城市居民的职住比率发现，80年代的睡城，90年代起逐步吸引到一些商业投资，总体的职住不平衡现象得到缓解。不过，硅谷等一些工作岗位过剩的新城的职住不平衡现象加剧。②“产”与“城”的双向融合发展。产业是城市发展的催化剂，没有产业，城市的发展就会失去活力和动力；同时，城市是产业发展的平台，没有良好的城市建设，产业的导入就无从谈起。③人与自然的融合。从19世纪的“田园城市”概念到现在绿色城市（Green city）、低碳城市（Low-carbon city）、生态城（Eco-town），人、产业、环境的和谐发展成为现代城市空间的发展趋势。

产城融合，只有产业与城市有机结合，双轮驱动，产业新城才能实现可持续发展。在新常态下，随着全球化规模和力度的扩张、产业转型升级要求的提升，“产城融合”正成为城市与产业融合发展的内在要求，也是城市可持续发展的有效路径，同时也是产业新城的核心特征。以京津冀协同发展为例，在北京非首都功能疏解过程中，教育、医疗、科技等优质资源也向雄安、廊坊等地均衡布局，提升当地公共服务水平，缓解京津冀地区资源的不平衡性。“大配套”的溢出为实现产城融合提供了良好的契机：随着配套的健全、升级，以城市配套吸引产业配套，以城市配套吸引人才定居才不会成为“无源之水”。综合来看，当前格局下，发生在城市群内部的重新社会分工正朝着打造产城融合的方向迈进。在这种趋势之下，只有产业没有定居的配套以及只有配套而没有产业均缺乏持久性，产城融合新城迎来巨大的发展契机。

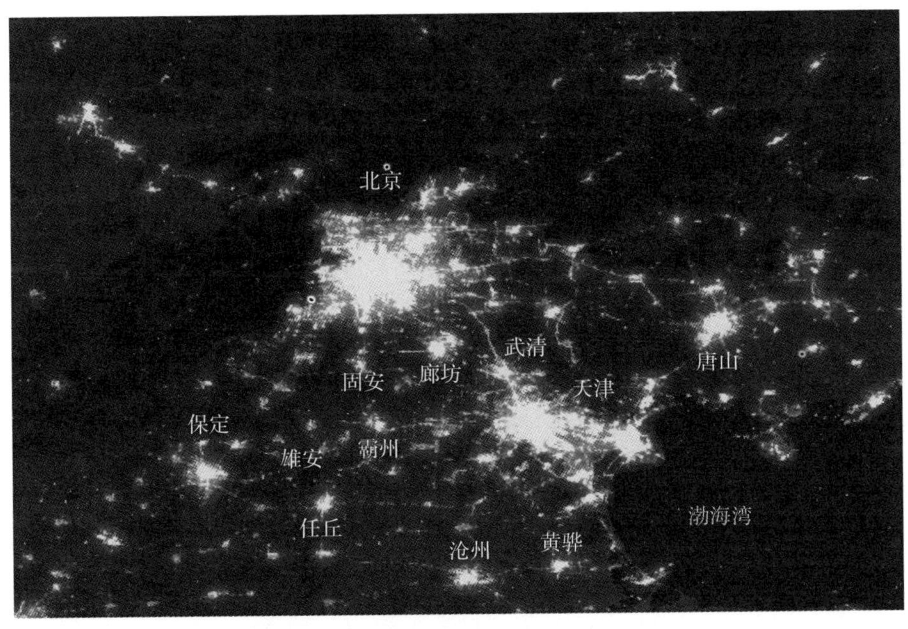

图 1-4　京津冀夜景图（2017 年 1 月）

图片来源：NASA，中国指数研究院综合整理。

二、位于区域中心城市辐射范围

“产城融合”之外，产业新城的首要特征就是其区位的特殊性，即产业新城要处于区域中心城市的辐射范围之内。早在 1898 年，英国埃比尼泽·霍华德（Ebenezer Howard）就提出了在城市附近建立新城的观点，“城市附近”的区位特征作为新城崛起的有利因素，长久以来就被反复强调。杨卡（2004）认为，新城是大市场郊区的新的城市化发展中心，其基本的特征包括三点：①位于大城市附近，与大城市之间有较为便捷的公共交通联系和密切的经济联系。②有相对独立的城市功能，能够提供居民生活、购物、医疗、教育、娱乐等基本生活服务。③人口规模、人口密度和建设用地比例达到一定标准，基础设施配套建设上表现出明显的城市空间特征。

区位包含“位置、布局、分布关系”等方面的意义（陈永生，2006），从这个角度出发，城市区位与城市地理具有相互包含的方面。无论是传统的城市史、经济地理，或者是近些年获得巨大发展的城市经济学和新经济地理学都认为地理具有重要的意义。经济地理理论（Economic Geography Theory）认为地理具有“自然特性”和“延伸特性”两个不同的特性：前者即地理的“第一天性”（First Nature），强调城市的自然属性，指出接近一些自然资源如水资源的地区、交通优势明显的地区以及便于防御的地区易于形成城市；后者即地理的“第二天性”（Second Nature），强调城市的社会属性，聚焦一个地区周边已经形成的城市体系对新城市形成的外部性。按照 William Cronon（1991）的定义，地理的“第一天性”更加强调区位生来就具有的异质性；而 “第二天性”更加强调人类活动改变“第一天性”后所形成的区域的差异性。

位于区域中心城市辐射范围的地区，虽然前期地理的“第一天性”可能并不存在优势，这些城市可能并非沿海，也并非政治中心（这也能够解释为什么前期这部分城市没有发展起来）。但是，在经过了较长时期的城镇化进程之后，由于其周边中心城市的崛起，导致其地理的“第二天性”在后期具备明显的优势（这解释了为什么后期部分城市迅速崛起）。依据产业转移的梯度理论，作为承接部分中心城市产业转移的新空间，在各项资源要素的重新组合上必须具有经济性，而地理上的新优势是这部分城市成长为产业新城的核心原因。

三、城市功能完善，生态环境宜居

工业园区或产业园区并不等于城市，单纯工业城市的命运最堪忧。产业新城作为大城市空间扩展的重要组成部分，可以承担大城市的部分城市职能。20 世纪美国城市理论家刘易斯·芒福德（Lewis Mumford）在其经典名著《城市发展史》（The City in History）中提到："城市不只是建筑物的群集，它更是各种密切相关并经常相互影响的各种功能的复合体。"城市功能完善，生态环境宜居是现代城市发展的基本要义，是实现城市可持续发展基本目标的重要保障。城市的核心竞争力除了包括产业发展能力以外，城市建设能力也是其中最重要的一部分。城市建设能力可以反映城市功能完善程度，主要体现为交通、医疗、教育、环境、公共设施等基础配套设施的建设水平和能力。因此，不断完善城市功能，将对提升城市核心竞争力具有重大意义。

当下世界正处在一个发展模式选择的十字路口。传统的发展模式面临诸多挑战，绿色、可持续发展模式正在为社会、经济、环境以及政府角色的全面转变开启机会之门。可持续发展最初是在 20 世纪 80 年代从环境与自然资源角度提出的关于人类长期发展的战略。从广义上来看，可持续发展主要包括自然资源与生态环境、经济以及社会的可持续发展三个方面。目前，在全球范围内，一场绿色发展的竞争正在全球范围内展开。2009 年，经合组织（OECD）发布了《绿色增长宣言》，为成员国设定了全面绿色增长战略；2010 年，欧盟（EU）出台"欧洲 2020"，将创新和绿色增长作为提高欧洲国家竞争力的核心战略；2012 年，巴西里约热内卢举办的"里约 +20"联合国可持续发展会议上，绿色增长被作为会议的主要议题。国家层面，2006 年，日本推出了《节能法》，计划在 2030 年将能源效率比 2006 年提升 30%；2009 年 7 月，韩国政府公布了绿色经济五年计划，决定在 5 年内投资约合 900 亿美元发展绿色经济，将绿色技术出口所占全球份额由 2009 年的 2% 提高到 2020 年的 10%，跻身全球七大"绿色大国"之列；

2011 年 5 月，德国发布新能源计划，力争成为第一个完成向新能源转型的工业化国家。

十九大报告明确提出推进绿色发展，加快建立绿色生产和消费的法律制度和政策导向，建立健全绿色低碳循环发展的经济体系，开展创建节约型机关、绿色家庭、绿色学校、绿色社区和绿色出行等行动。《国家新型城镇化规划》（2014—2020 年）则指出，“要加快转变城市发展方式，优化城市空间结构，增强城市经济、基础设施、公共服务和资源环境对人口的承载能力，有效预防和治理‘城市病’，建设和谐宜居、富有特色、充满活力的现代城市。”从《国家新型城镇化规划》来看，新型城镇化战略下的可持续发展不仅涵盖经济和社会的可持续发展，同时也涵盖了最基本的自然与生态环境的可持续发展。城市不仅是人类居住和集中从事社会政治、经济、文化等各项文明活动的载体，同时也是水、花草、树木和部分动物的栖息地，这些共同组成了生态环境体系。因此，产业新城必须是生态宜居的，产业新城的打造必须立足于可持续发展的高度。

四、人口集聚并常住

产业新城是完整的城市系统，不仅仅是建筑、交通、生产等系统在空间上的构成形式，而且更主要的是由人的就业、生产生活等各类社会关系所构成，城市的任何一部分都离不开人。因此，有关产业新城的描述都不能回避“人”这个最基本的因素，与城市一样，产业新城也是由大规模的人口聚集而形成的。

产业新城与成熟型城市的不同之处在于其所处的人口导入阶段，这就涉及人口迁移。19 世纪 80 年代，拉文斯泰因（Ernst Georg Ravenstein）建立了人口迁移理论，奠定了现代迁移理论的基础。此后，人口迁移理论经历了不断发展完善的过程，多位学者都做了深入的研究。1983 年鲁道夫 · 赫伯尔（Rudolf Heberle）首次系统归纳了推拉理论（Push and Pull Theory），认为人口迁移存在两种动因，一是原居住地存在推动人口迁出的力量，二是迁入地存在的吸引人口迁移的力量，两种动因（力量）单方面或共同导致迁移。其中，推力和拉力主要体现为机会差异化所带来的吸引力的不同，具体包括工资水平、生活条件、公共服务、自然环境、社会经济因素等。结合中国当前产业新城发展背景来看，中心城市功能进入疏解期，推动城市群内部不同城市之间重新进行社会分工。在此背景下，形成了中心城市向外疏解人口的“推力”，产业新城因自身产城融合度不断提高形成的向内吸入人口的“吸力”。

区位优势、产业兴起、城市功能完善是形成人口集聚并常住的根本原因。产城不断融合推动城市吸引力增强，又可以吸引包括人力资源在内的更多资源的集聚配置，从而推动城市实力的不断提升。人口的增长和集聚既是城市实力增强的体现，又成为城市进一步成长的基础。在经济新常态下，产业新城能够在多点集中发力，推动产业创新，在区域范围内培育出更多新的经济增长点，同时改善人居环境，持续增强人口集聚能力。

第二章　产业新城发展的核心驱动力

第一节　产业新城的起源与演化

一、从城市的起源说起

以“集市”为早期雏形的城市可以追溯到数千年之前，其出现是人类社会走向文明的标志。人类文明发展的早期，全球的城市屈指可数，著名的古老城市仅有罗马（意大利）、雅典（希腊）、开罗（埃及）、大马士革（叙利亚）以及西安、洛阳（中国）等，更多的是小规模的聚居部落和村集村镇。公元9世纪，欧洲大陆只有西班牙、意大利、法国、德国等国有少量的城市。城市大规模的出现，也只是近几个世纪的事情。时至今日，欧洲大陆的城市数量已经达到千余个。

作为人类社会发展到一定阶段的产物，城市的发展折射着人类文明演进的轨迹，其起源是与当时社会的发展程度密切相关的。关于城市的起源，学术界主要有三种说法：①防御说，即建城郭的目的是为了不受外敌侵犯。雅典卫城四周由坚固的防护墙壁拱卫，自然的山体使人们只能从西侧登上卫城，高地东面、南面和北面都是悬崖绝壁，地形十分险峻；另外，例如北非阿尔及利亚最古老的城市之一——康斯坦丁（Constantine），是一座建立在悬崖之上的历史名城，深深的沟壑、陡峭的山峰将它一分为二，由座座桥梁连在一起，易守难攻。②集市说，即随着社会生产力的发展，人们手里多余的农产品、畜产品，需要有像集市这样的场所进行交换。进行交换的地方逐渐固定了，聚集的人多了，就有了市镇，后来就建起了城。③社会分工说，即随着社会生产力不断发展，一个族群或者部落内部出现了行业分工，一部分人专门从事手工业、商业，一部分人专门从事农业。不同行业的人需要集中的地方进行生产和交换，才有了城市的产生和发展。大量文献研究表明，人口在向城市的聚集的过程中，由于专业化生产、知识溢出以及有效地提供公共物品，使城市的生产效率得到提高。可以说，早期城市的形成和发展是文明化进程和国家起源的重要标志，并为后期城市格局的形成奠定了基础。

图 2-1 阿尔及利亚历史名城——康斯坦丁

图片来源：中国指数研究院综合整理。

随着 1760 年以来产业革命浪潮的袭来，社会分工越来越精细化、专业化，推动城市在早期的格局基础之上向现代化的方向迈进。尤其是 20 世纪 80 年代以来，人工智能、机器人、物联网、自动驾驶汽车、3D 打印等信息技术推动的第四次产业革命，为产业发展提供了新机遇，开辟了新的空间。发展经济学研究框架下的城市发展模型提出，文化、制度、资源和技术四大要素在城市空间里相互作用，形成以产业为核心的资金流、信息流、人流、物流持续流动，产业链的延伸、产业网络的扩大产生了聚集效应、乘数效应和循环积累效应，推动城市不断发展壮大并升级为城市群。

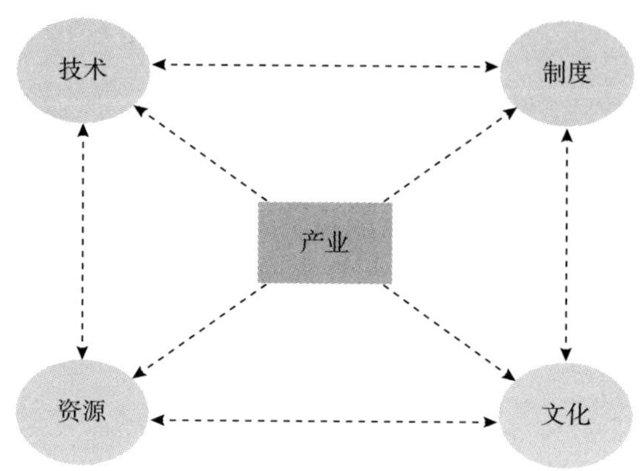

图 2-2 发展经济学框架下的城市发展模型

资料来源：中国指数研究院综合整理。

当前，城市群内部不同城市之间重新进行产业分工的趋势日益明显，这种分工一方面促进了城市群的“大都市圈化”，另一方面则推动了人口和产业向外疏解，中心城市周边新城大量出现，城市群内部的产业和社会分工产生了对于专业的运营商的需求，推动产业新城的产生。

二、产业新城的演化逻辑

从传统城市起源理论的社会分工说来看，当前产业新城的形成正是由于城市发展到一定程度，重新出现的社会分工需求。因此，如果说城市是人类社会发展到一定阶段的产物，那么产业新城则是城市发展到一定阶段的产物。在现代意义上的城市形成之后，经过较长时期的发展，社会分工也从人群、部门之间小范围的分工，扩展到城市与城市之间依据自身区位和优势进行的重新功能匹配。

产业新城的雏形可以追溯到 19 世纪，英国经济学家马歇尔（Alfred Marshall）注意到工业区内企业的集聚易于知识的学习和传播，进而促进劳动分工。20 世纪 80 年代，马歇尔（Alfred Marshall）的产业园区思想为经济学、地理学、社会学和历史学的学者带来很多启示。Giacomo Becattini 研究了马歇尔对工业机构、资本主义市场机制的观察，并指出产业园区是社区和企业人口在一个自然和历史形成的区域内所构成的社会和地域实体。Lucio Biggiero 则认为产业园区是聚集在有限区域、专注于特定行业的中小企业所形成的组织间的网状结构。产业新城发展过程中，基本遵循“产业园区化—园区城市化—城市现代化—产城一体化”的一般规律， 经历了萌芽期、成长期、成型期和成熟期四个阶段，并逐步演变为现在的产业新城。

表 2-1　不同发展阶段产业新城的特征

<table>
<tr><td colspan="2">阶段</td><td>萌芽期</td><td>成长与成型期</td><td>成熟期</td></tr>
<tr><td colspan="2">时间</td><td>0 ～ 5 年</td><td>5 ～ 10 年</td><td>10 ～ 20 年</td></tr>
<tr><td rowspan="4">自身特征</td><td>功能</td><td>工业主导的开发区</td><td>工业新区</td><td>产城融合的新城区</td></tr>
<tr><td>规模</td><td>几平方公里</td><td>十几平方公里</td><td>几十到上百平方公里</td></tr>
<tr><td>产业</td><td>二产快速增长，年均增长 50% 以上</td><td>二产快速发展，催生产业配套服务</td><td>二产发展趋于稳定，三产快速发展</td></tr>
<tr><td>演化过程</td><td>孤立生长，单一生长功能</td><td>功能多样化、综合化，环境质量得到改善和提升，新城和老城一体化萌芽和发展</td><td>功能自力，环境优化，新城老城一体化</td></tr>
<tr><td rowspan="3">区域关系</td><td>母城</td><td>关系松散</td><td>联系日益密切</td><td>承接母城功能</td></tr>
<tr><td>影响力</td><td>极化效应</td><td>辐射扩散效应</td><td>带动区域整体发展</td></tr>
<tr><td>产城关系</td><td>承接互动</td><td>反哺整合</td><td>产城融合发展</td></tr>
<tr><td colspan="2">主导功能</td><td>注重产业引导</td><td>关注产业发展</td><td>坚持产城融合</td></tr>
</table>

资料来源：中国指数研究院综合整理。

第二节　产业新城发展的社会经济要素

不同于早期的开发区和工业园区，以及一些经济比较发达的大城市周边出现的“睡城”，以“产城融合”为显著特征的产业新城是城市化与产业化相结合的一种城市发展模式。作为城市化、工业化发展到成熟阶段衍生出来的新事物，产业新城既保留了传统园区的优点又弥补了其不足，从而将单一生产型园区转变为多功能的“生产、服务、消费”等多点支撑的城市型经济园区。学术界对新城发展的动力机制研究由来已久，例如MIT斯隆管理学院系统科学家Jay W. Forrester的城市生命周期理论、Alfred Weber的聚集经济理论以及H. Lefebvre和D. Harvey的空间生产理论。张晓平（2002）认为产业新城的成长和发展动力主要包括政策作用力、市场作用力和社会文化作用力，学习和创新能力是其发展的重要提升力。在此，我们将采用PEST[①]分析方法梳理产业新城产生发展的宏观和动态环境，展开分析城市化（社会与经济因素）、政策（政治因素）、产业（经济因素）和科技（技术因素）四大核心驱动力。

一、城市化：推动产业新城产生、发展的动力引擎

自从改革开放的基本国家战略确立以来，全球资本流入中国，我国开始了以工业化为推动力的城市化进程。产业成为城市发展的真正动力和城市物质形态演变的主要原因，具体表现为产业发展升级、产业结构调整及其引起的农业人口向城镇人口的转化。

城市化主要用来描述工业革命时期二、三产业人口从农村向城市转移的过程，这一社会和经济现象后来逐渐扩展到全球。1867年，西班牙工程师A. Serda的著作《城市化基本理论》（The Basic Theory of Urbanization）首次系统研究并提出了城市化的概念。对很多发展中国家而言，城市化也是社会经济现代化的过程，是人类文明进步的一大趋势。城市化也是我国现代化建设的重要内容，是改革开放以来我国社会经济发展的长期战略和主要目标。目前国际上对于城市化的战略研究主要包括伦敦大学特大城市研究、“美国2050”（America 2050）、“德国城市2030”（Stadt 2030）以及英国政治经济学院“城市世纪研究”（Urban Age）等。

美国经济学家、诺贝尔经济学奖得主约瑟夫·斯蒂格利茨（Joseph Stiglitz）将中国的城市化与美国的高科技发展并称为将深刻影响21世纪人

① PEST为政治（Political）因素、经济（Economic）因素、社会（Social）因素和技术（Technological）因素的英文简写。

类发展的两大课题。从城市化率来看，当前我国的城市化正在进入新的历史阶段，正处在城市化进程的全球规模最大、速度最快的时期，城镇人口规模由 1949 年的不足 6000 万人增加到 2016 年的 7.93 亿人，城市化率从 1982 年的 20.43% 升至 2016 年的 57.35%，以每年接近 1.1 个百分点的速度递增，根据发达国家的城市化经验，城市化率在 30% ～ 70% 期间是加速城市化的时期，因此，我国未来城市人口的增长还有很大空间。

从城市的体量和规模来看，目前我国正在向世界级城市圈迈进。2015 年世界银行发布的研究报告显示：我国珠三角地区（包括广州、深圳、佛山和东莞）已超过东京成为面积和人口方面的世界最大都市区；东亚地区 869 个城市有 600 个在中国，其面积超过东亚城市土地总面积的 2/3；同时，鉴于非城市人口比例依然较大，未来仍将面临几十年的城市化进程。从城市化的扩展方式来看，城市的发展包括外延型的城市化和飞地型的城市化。城市化过程中将会为产业新城的产生和发展带来空间和机遇。

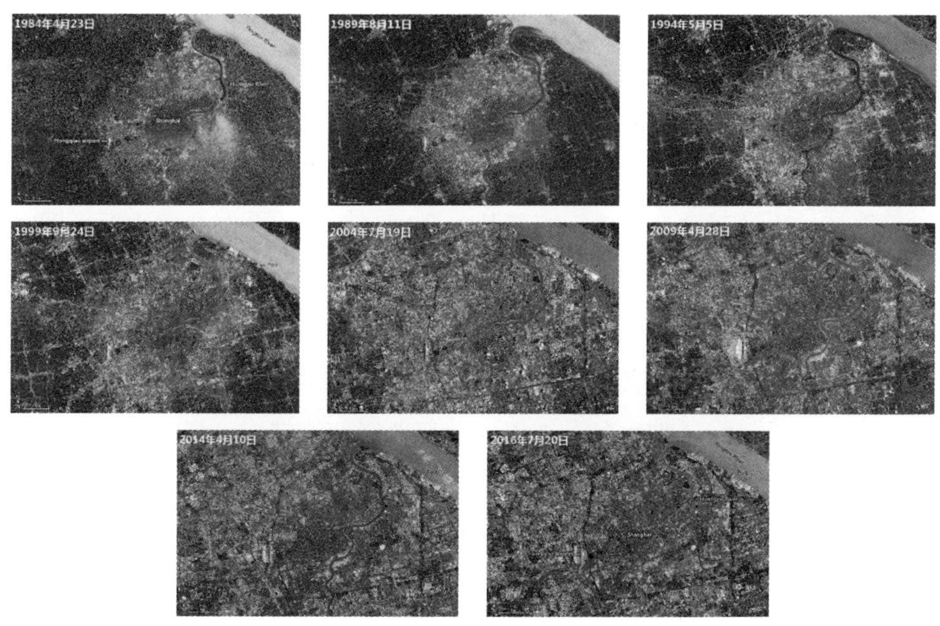

图 2-3　上海城市化过程（1984 ～ 2016 年）

图片来源：NASA，中国指数研究院综合整理。

以上海为例，从1984年到现在的城市化进程中，其以外延型城市化方式向外围不断扩展。在这一过程中，不仅孕育产生了浦东新区这样高能级的国家级新区，也诞生了临港、松江、嘉定这样一些功能独特的卫星型新城。随着上海的城市带动辐射能力不断增强，长三角城市连绵带的形成，离市中心相对较远的如浦江镇、高桥镇、枫泾镇、奉城镇、罗店镇、陈家镇、朱家角镇也在不断生长之中。

城镇化是比城市化外延更广的表述方式，是现阶段推动我国实现内向型经济发展方式转变的主要途径。2018年，中央一号文件全面部署实施乡村振兴战略，探索适合国情的新型城镇化模式进而在全国范围内推广成为现实的迫切要求。特色小镇、产业新城为我国乡村振兴、城镇化建设提供了新的思路，可以从根本上增强县域经济的内生发展能力，提升发展质量。处于大城市辐射范围内的新城新区是城镇化体系中的重要环节，起着推动城市经济的集聚、分担中心城市某些城市职能的作用。

在新型城镇化趋势下，产业新城正在成为承载工业化和信息化发展的新空间，是实现产业集群效应的现代化载体和平台，也是工业化和城镇化相结合的一种城市发展方式。十九大报告明确提出："推动新型工业化、信息化、城镇化、农业现代化同步发展，主动参与和推动经济全球化进程，发展更高层次的开放型经济，不断壮大我国经济实力和综合国力"；同时提出"以城市群为主体构建大中小城市和小城镇协调发展的城镇格局，加快农业转移人口市民化。以疏解北京非首都功能为'牛鼻子'推动京津冀协同发展，高起点规划、高标准建设雄安新区。以共抓大保护、不搞大开发为导向推动长江经济带发展。支持资源型地区经济转型发展。"区域协调发展的总要求就需要在产业结构升级与调整过程中实现更高层次的城镇化，使产业新城的发展没有"水分"，避免未来在城镇化过程中出现"空城"、"被城镇化"。

目前，以工业4.0为特征的先进制造业成为推进城市发展和产业发展的关键力量。先进制造业的城市形态决定了其"去中心化"的必然趋势，在模组化开发的大前提下，多模组的组合将先进制造业在地理位置上“去中心化”、在产业结构上“中心化”，形成产业发展与城市发展的双重体系。

从这个角度来看，结合产业集群的相关理论，产业新城可以成为中国新型城镇化最有效的路径之一。通过产业新城，进行制度创新和空间拓展，可以摆脱城市规模、产业结构、要素供应、发展模式的限制。从国内产业新城发展现状来看，产业新城运营商通过在环渤海、长三角、珠三角等全国经济活跃区域打造产业新城，不断以实践探索和引领区域产业结构优化升级与协调发展，持续推动中国产业向价值链高端跃升。在产业升级的过程中，产业新城以其全新的定位理念，为企业不断追求产业升级和提高质量、提高效益提供了良好的环境。因此，从未来的城市发展趋势来看，产城融合的新城新区也将迎来新的发展契机。

人口空间迁移及其动态稀疏变化是推动产业新城形成发展的内在因素，也是制定区域发展规划的重要科学依据。研究国内外新城新区的诞生过程，我们发现农村剩余劳动力人口进入城市，城市人口持续上升是必经之路。人口迁移成为城市空间重整、拓宽区域发展空间的内在动力。一个世纪前，全球超过百万人口的城市不超过 20 个。而今天这个数字已经上升到 450 个，而且在可预见的未来，这个数字还将持续上升。

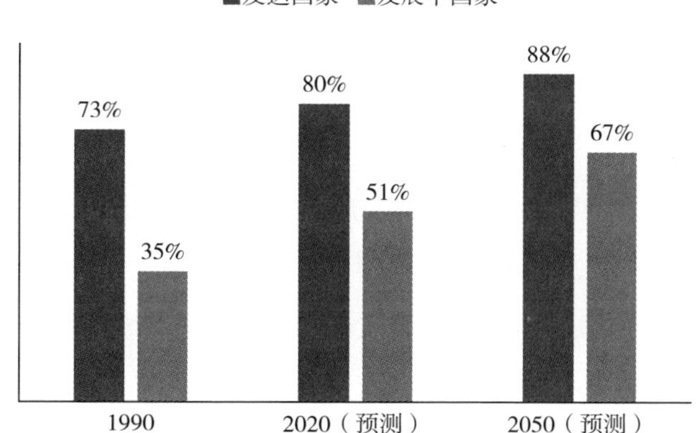

图 2-4　1990 ～ 2050 年（预期）居住在城市人口的百分比

资料来源：IBM 研究院，中国指数研究院综合整理。

2015年，中国科学院地理科学与资源研究所对2000～2010年我国人口变化和驱动力进行了研究，结果发现：①人口密度方面，与2000年相比，2010年全国超过60%的分县人口密度增加，平均每平方公里增加21人，主要分布在人口密集的城镇地区；不到40%的分县单元人口密度减少，平均每平方公里减少13人，主要集中在人口密集的省份、老城区和边境地区。②自然和社会经济因素对人口密度变化都有影响，但社会经济因素影响较大。高经济发展水平、医疗条件和通讯能力是人口密度增加的主要"拉力"，而地区内稠密的人口是人口密度降低的主要"推力"。人口迁移法则认为经济因素是迁移的主因，大多数移民倾向于短距离移民。这在一定程度上解释了后城市化时代从中心城市向附近的产业新城的人口转移和疏散现象的存在。

城市化是我国现代化建设的重要内容，也是改革开放以来我国社会经济发展的长期战略和主要目标。目前，我国正处于加速发展并向新型城镇化过渡的阶段，未来将逐渐形成"两纵三横"的城市化战略格局。在这一过程中，城市人口的迁移正在推动产业新城发生根本性的转变。

二、政策：国家战略、政策红利为产业新城发展提供强劲动力

产业新城的发展离不开政策因素的推动，国外政策对其影响主要体现在三个方面：①政府通过法律的手段对于园区给予税负减免、低税率和贷款担保。②公共研究机构和服务中心提供定制化的商务服务。③自主自助协会和合作生产商促进创新。我国著名经济学家厉以宁认为中国长期面临计划经济体制转向市场经济体制、传统的农业社会转向工业社会的经济"双重转型"任务。科学规划城市群规模和布局，以城市群为主体，推动大中小城市和小城镇协同发展，标志着我国城市发展战略实现了从"严格控制"单一城市规模到强调城市间"协调发展"的根本性转变。同时，突出强调走特色新型城镇化道路，合理响应人口的就业需求、公共服务诉求和城市可持续发展的要求。

国家人口发展规划（2016～2030年）提出，要加快推进以人为核心的城镇化，引导人口流动的合理预期，畅通落户渠道，到2020年实现1亿左右农业转移人口和其他常住人口在城镇落户，全面提高城镇化质量。按照尊重意愿、自主选择、因地制宜、分步推进、存量优先、带动增量的原则，区分超大、特大和大中小城市以及建制镇，实施差别化落户政策，促进有能力在城镇稳定就业和生活的农业转移人口举家进城落户。将具备条件的县和特大镇有序设置为市，增加中小城市数量，优化大中城市市辖区规模和结构，拓展农业转移人口就近城镇化空间。

表2-2　　　新中国成立以来我国城镇化主要政策

年份	主要发展政策与方针
1955	新建城市以中小城市为主，没有特殊原因，不搞大城市
1978	控制大城市规模，多搞小城市
1980	控制大城市规模，合理发展中等城市，积极发展小城市
1990	严格控制大城市规模，合理发展中等城市和小城市、小城镇大战略
2000	大中小城市和小城镇协调发展的道路，将成为中国现代化进程中的新动力源
2002	坚持大中小城市和小城镇协调发展，走中国特色的城镇化道路
2007	走中国特色城镇化道路，促进大中小城市和小城镇协调发展。以特大城市为依托，形成辐射作用大的城市群，培育新的经济增长极
2012	科学规划城市群规模和布局，增强中小城市和小城镇产业发展、公共服务、吸纳就业、人口集聚功能
2013	新型城镇化元年，确立“以人为核心”的城镇化，推进农业转移人口市民化
2014	以城市群为主体形态，推动大中小城市和小城镇协调发展；优化城镇规模结构，实施差别化落户政策，严格控制城区人口500万以上的特大城市人口规模，加快发展中小城市，有重点地发展小城镇
2015	在“建设”与“管理”两端着力，转变城市发展方式，完善城市治理体系，提高城市治理能力，解决城市病等突出问题
2017	以城市群为主体构建大中小城市和小城镇协调发展的城镇格局，加快农业转移人口市民化。以疏解北京非首都功能为“牛鼻子”推动京津冀协同发展，高起点规划、高标准建设雄安新区

注：1955年根据国家建委给中央的报告，1978年根据“第三次城市工作会议”，2013年根据中央城镇化会议，2014年根据《国家新型城镇化规划（2014—2020年）》，2015年根据中央城市工作会议，其他年份根据历次国家五年规（计）划和中共十六大、十七大、十八大、十九大报告整理。

资料来源：中国指数研究院综合整理。

从政策层面来看，国家对产城融合、产业创新支持力度不断加大。2016年10月，国家发改委发布了《关于开展产城融合示范区建设有关工作的通知》，针对科学推进产城融合示范区建设做出了明确部署，提出为新型工业化和城镇化融合发展探索可复制、可推广的经验做法。越来越多的企业紧跟国家发展战略布局，加入产业新城的开发建设及运营。

“京津冀协同发展”是涵盖北京市、天津市和河北省两市一省的区域发展战略，是十八大以来实现京津冀优势互补、促进环渤海经济区发展、带动中国北方腹地发展的重大国家战略，确定了京津冀地区“功能互补、区域联动、轴向集聚、节点支撑”的空间布局思路，以“一核、双城、三轴、四区、多节点”为骨架，其中“一核”的首要任务是有序疏解北京非首都功能，优化提升首都核心功能，解决北京“大城市病”问题；“双城”即北京和天津，是京津冀协同发展的主要引擎，要进一步强化京津联动，全方位拓展合作广度和深度，加快实现同城化发展，共同发挥高端引领和辐射带动作用；“三轴”指京津、京保石、京唐秦三个产业发展带和城镇聚集轴，这是支撑京津冀协同发展的主体框架；“四区”分别是中部核心功能区、东部滨海发展区、南部功能拓展区和西北部生态涵养区；“多节点”，包括石家庄、唐山等区域性中心城市和张家口、承德等节点城市，重点提高城市综合承载能力和服务能力，有序推动产业和人口聚集。2017年4月，中共中央、国务院决定在保定市东部设立河北雄安新区，将承接北京的非首都功能疏解任务，强化北京“全国政治中心、文化中心、国际交往中心、科技创新中心”的核心功能，至此，京津冀协同发展勾勒出三足鼎立的局面。

三、产业：集聚、转移、外溢效应推动产业新城发展

产业驱动是指在新城建设过程中以一种或多种产业导入为突破口，利用产业的关联性带动新城的开发。其做法通常是首先由政府在新城范围内建立产业园区，引导市区内的企业外迁，同时通过优惠政策吸引外部企业入驻，最终达到市区产业职能转移到新城的目的。产业驱动的关键在于选

择产业链核心环节、关联带动性强的产业，利用政策促进产业的集聚。

随着中国经济新常态的到来，新兴产业作为经济增长的中流砥柱，对推动区域产业结构转型升级发挥了积极作用。产业新城的开发综合考虑了新兴产业、城市建设、人口集聚三方面因素，将城市中的商业、办公、居住、文旅、餐饮、娱乐、交通等要素进行有效组合，并在各部分间建立一种相互依存、互利互惠的动态关系，从而形成一个多功能、高效率的空间。例如华夏幸福坚持“产业优先”战略，以产业新城为依托，不断提升产业创新驱动力，形成了强大的竞争壁垒。通过龙头驱动、创新驱动和孵化驱动等方式，打通了产业研究规划、产业集群集聚、产业载体建设和产业运营服务的完整链条，运用以产兴城、以城带产、产城融合、城乡一体、共同发展的模式，推动新型城镇化，为产业新城所在区域产业升级、经济发展提供持续的动力。

“十三五”开局以来，我国经济进入发展新常态的转型阶段，经济增长率逐步放缓，经济转型势在必行，而经济转型必然离不开产业转型升级的支持。目前，全球产业发展处于重大调整阶段，产业的国际分工面临洗牌和挑战，中国正处于产业结构升级与调整的关键时期，正向产业链上资金密集性、技术密集性等经济附加值高的链环转移。如何提前谋划布局，实现产业与技术的深度融合，是未来产业发展的关键点。

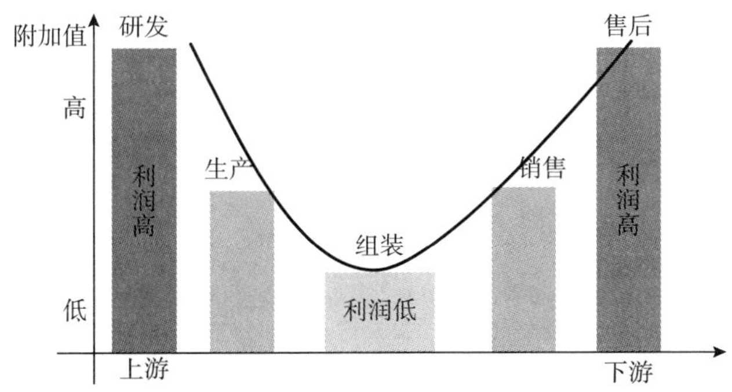

图 2-5 产业链与经济附加值的关系

资料来源：中国指数研究院综合整理。

具体针对产业集聚、转移的研究对于产业新城发展理论有着重要意义，国际学术界对产业转移变迁相关的理论研究已非常充分。本节将从产业扩散、产业转移以及产业的区域均衡发展三个维度更为系统地进行梳理，以期发掘产业新城发展的重点方向。

1. 产业扩散理论

国际学术界对产业转移的理论已经进行了深入研究，如诺贝尔经济学奖获得者、发展经济学的领军人物、经济学家阿瑟·刘易斯（W. Arthur Lewis）的劳动力部门转移论、阿根廷著名经济学家劳尔·普雷维什（Raúl Prebisch）的中心—外围论（Core and Periphery Theory）、美国哈佛大学教授雷蒙德·弗农（Raymond Vernon）的产品生命周期论（Product Life Cycle，PLC）、边际产业扩张论（Marginal Industry Expansion Theory）以及产业梯度转移理论（Industrial Gradient Transfer Theory）等。其中，梯度理论又包括全球价值链理论（Global Value Chain Theory）、劳动密集型产业转移理论（Labor-intensive Industrial Transfer Theory）、雁行模式（Flying Geese Pattern）理论等，该理论认为每个国家与地区都处在一定的经济发展梯度上，世界上每出现一种新行业、新产品、新技术都会随着时间推移，由处在高梯度上的地区向低梯度上的地区传递下去。目前从国内的情况来看，我国正处于产业在不同城市群以及城市群内部不同城市之间转移的进程。通过区际产业转移，我国的产业发展格局通过地区互补性原则，正朝着使各区域的产业类型和水平与自身的资源禀赋、要素价格和经济发展总体水平相适应的方向迈进。

从我国的发展经验来看，产业梯度转移是缩小区域差距、实现区域协调发展的有效路径。过去中国经济发展采取的是非均衡发展战略，集中力量办大事，优先发展沿海地区，从珠三角、长三角到环渤海，然后才是中西部地区的发展。因此，我国城市的产业结构也呈现了这样的特征，东部沿海城市多数已经由二产转为三产主导，而大部分中西部城市仍以二产为主。发达城市目前服务业已占主导地位，如 2017 年北京第三产业占比已达到 82%，上海、广州也接近 70%；而南昌、长沙、郑州等多数中西部城市，第二产业仍占主体地位。这种城市群之间以及城市群内部不同城市之间的区域性差异客观上形成了该地区的二元结构特征，是产业转移的核心动因。

2. 产业集群理论

集群是指来自同一行业的公司聚集在一起的现象。此类现象在银行业尤为明显，例如伦敦金融城和纽约华尔街已经兴盛了几个世纪。产业集群（Industrial Cluster）是当代产业生存、发展的有效组织形态，利于集聚生产要素、优化资源配置、加快信息交流以及营造良好的产业生态环境。美国哈佛商学院的竞争战略和国际竞争领域研究权威学者迈克尔·波特（Michael Porter）在《国家竞争优势》一书中首次用"产业集群"一词对经济活动中的集群现象进行总结，并创立了产业集群理论（Industrial Agglomeration Theory），具体来说，产业集群是指在某一特定领域内互相联系、地理位置上集中的公司或机构的集合，通过区域集聚实现有效的市场竞争，形成专业化的生产要素集聚洼地，降低信息交流和物流成本，使企业之间能够共享公共设施和市场环境，形成集聚效应、规模效应、外部效应和区域竞争力。亚当·斯密（Adam Smith）将分工分为三种：一是企业内分工；二是企业间分工，即企业间劳动和生产的专业化；三是产业分工或社会分工。第二种分工形式实质是企业集群形成的理论依据所在，企业集群保证了分工与专业化的效率，与此同时还能将分工与专业化进一步深化，反过来又促进了企业集群的发展。马克思主义经济学认为，对高效率和低成本的追求，成为产业集群形成的内在动因。马歇尔（Alfred Marshall）在 1890 年出版的《经济学原理》（Principles of Economics）中提出了两个重要概念："内部规模经济"（Internal Economies of Scale）和"外部规模经济"（External Economies of Scale）。马歇尔所指的外部规模经济概念是指在特定区域的由于某种产业的集聚发展所引起的该区域内生产企业的整体成本下降。德国经济学家阿尔弗雷德·韦伯（Alfred Webber）在其1909年著作《工业区位论》（Industrial Location Theory）中从产业集聚带来的成本节约的角度探讨了产业集群的成因，认为成本低廉的区位是好区位，而聚集能使企业获得成本节约。国内学者来看，钱颖一运用“栖息地”（Habitat）的概念来解释硅谷集群企业的竞争优势，认为企业集群区是创业公司的“栖息地”；陈慧娟、吴秉恩注重运用社会关系网络理论解释台湾中小企业集群的形成与发展，认为长期以来中小企业之间紧密的产业集群关系是台湾经济得以蓬勃发展的重要基础。总体来看，产业集群可以分为高科技行业集群和传统积累行业集群，其中，前者主要是以高科技导向，通常包括大学和研究机构，比如硅谷、中关村；后者主要依赖十年甚至上百年的知识、技能、技术积累的传统行业，比如意大利的著名产业园区——“第三意大利”。

企业在经济发展良好、具有资源禀赋的区域集聚，更利于其实现长远发展。产业新城内部的产业集聚进而形成产业集群会为入驻企业带来竞争优势，主要包括：①成本优势，即产业新城内集聚上下游企业，进而形成一个高效的专业化分工系统，使企业获得包括交易成本、信息成本和外部经济在内的成本优势。②创新优势，即产业园区内集聚的企业产生巨大的竞争优势，迫使企业加快创新，改良产品和服务，推动行业的技术进步。③扩展优势，即产业园区内产业集群所形成的上下游关联和买卖关系，使单一企业在较短时间内形成巨大的规模，推动区域经济快速发展。

表2-3　产业集群的类型

分类方式	类型	定义	示例
按照集聚产业的技术先进程度和发展趋势划分	新兴产业集群	主要以高新技术产业和现代服务业为主体	美国硅谷的微电子业集聚、纽约曼哈顿麦迪森大街广告业集聚、华尔街金融业集聚、中关村信息产业集聚、武汉光谷的光电产业集聚等
	一般产业集群	以一般制造业、传统产业或夕阳产业为主体	美国底特律的汽车制造业集聚、德国索林根刀具业集聚、法国香水制造业集聚、波尔多葡萄酒制造业集聚、中国浙江服装制造业集聚、福建晋江鞋业集聚、广东珠三角家具制造集聚等

续表

分类方式	类型	定义	示例
按照生产要素密集度划分	知识密集型产业集聚	以知识密集型产业为主体	美国硅谷
	资本密集型产业集聚	以资本密集型产业为主体	美国匹兹堡的钢铁产业、中国东北的重工业集聚
	劳动密集型产业集聚	以劳动密集型产业为主体	中国东南沿海的服装、鞋帽、玩具等制造业集聚
按照关联特征划分	纵向集聚	围绕一个产业的上、中、下游所形成的产业链，形成合理分工、彼此协作的产业集群	围绕汽车产业所形成的上游汽车研发设计、中游各类汽车零部件的制造、下游汽车的销售、运输、零配件以及人才培训、汽车维修、保养等各方面的服务等行业的产业集群
	横向集聚	以区域内某一主导产业为核心，通过企业间的横向联系，形成多层次的产业群体	围绕旅游业相关行业所形成的旅游纪念品生产业、交通运输业、酒店餐饮业、文艺娱乐业、金融保险业等产业集群
	混合集群	纵向和横向集聚共同形成的复合型产业集群	经济开发区、科技园区的多样化产业集群

资料来源：刘树林等，《产业经济学》，中国指数研究院综合整理。

以重庆为例，其地处西南交通要塞，具有承东启西的区位优势，并逐渐成为我国西南地区的重要经济中心。近年来，重庆以两江新区为驱动，经济一直保持快速发展，平均增速比全国高 4～5 个百分点，这主要得益于产业集群释放的巨大能量。作为传统工业城市，重庆汽车和电子作为两大支柱产业，已经形成原材料、零部件、整机上中下游产业链集群，两大产业占规模以上工业总产值比重达 41%。重庆作为中国七大汽车生产基地之一，2016 年全市生产汽车 316 万辆，是全国唯一汽车年产量超过 300 万辆的省市；自 2009 年引入惠普以来，重庆从笔记本电脑的代工厂开始，借助全国产业转移机遇，逐步实现了电子产业的集群发展，2017 年生产笔记本电脑超过 6000 万台，手机产量达到 2.58 亿台，电子制造业已成为重庆工业增长的“第一引擎”。从改革开放后承接上海转移的兵工企业和科研机构以来，重庆一直积极进行产业的承接转型升级，当前提出十大战略新型产业发展规划，目标在 2020 年形成万亿产出。而产业转型、升级和发展，也带动了区域人口的增长，重庆近五年年均新增常住人口达到26万，仅次于天津、北京。

3. 区域均衡发展理论

产业新城的诞生、发展离不开中心城市（母城）所提供的资金、技术、人才的支持。产业新城具有聚集和辐射双重功能，聚集是辐射的基础，辐射是聚集的结果。研究表明，一个国家或地区的区域发展总是一个“初始均衡—差异扩大—相对均衡”的发展过程（陈建国、于斌斌，2011）。在初级阶段，“极化效应”表现为“增长极”的快速发展。当“增长极”发展到一定程度后，外部经济下降甚至规模经济的出现使“极化效应”逐步减弱，另一方面“扩散效应”增强，表现为“增长极”对周边地区的辐射带动作用，推动周边地区的经济发展。1965年，美国经济学家威廉姆逊（Jeffrey G. Williamson）研究了全世界24个国家区域增长的时间序列，提出了区域经济增长的“倒U”型模型。根据“倒U”型模型，经济发展初级阶段，随着经济发展水平的提高，区域经济差异也不断扩大。在经历持续性差异扩大的增长之后，区域间的不平衡程度趋于稳定，而且当经济进入成熟阶段，区域差异将逐步缩小，区域经济增长呈现均衡趋势（Williamson，1965）。这种均衡态势就体现为城市群协同加速过程中的区域经济一体化。城市群的发展，使区域内的各因素连接更为紧密，而由于不同城市的发展水平存在差异性，区域内各要素也存在着流动性。城市群内的城市之间具有相互吸引聚集与扩散辐射功能（陈振光，2006）。

当前，中国主要的城市群均不同程度处于中心城市功能向外疏解的阶段。例如，有序疏解北京非首都功能是京津冀协同发展战略的核心。以北京为中心的京津冀城市群，北京非首都功能疏解有着重大的时代意义。京津冀协同发展首先要通过有序疏解北京非首都功能，为北京“减负”，优化提升首都核心功能。重点是疏解一般性产业特别是高消耗产业，区域性物流基地、区域性专业市场等部分第三产业，部分教育、医疗、培训机构等社会公共服务功能，部分行政性、事业性服务机构和企业总部等四类非首都功能，引导不符合首都功能定位的功能向周边地区疏解。四大类非首都功能领域，将分近期、中期、远期三个阶段逐步疏解，有序推进产业升级转移。此外，发展较为成熟的珠三角城市群、长三角城市群也开启了向中西部地区以及城市群内部城市之间的功能疏解。由此可见，伴随着城市化进程的推进，人口、资源逐步向城市群、城市圈集聚，这也为集生产、生活及城市功能于一体的产业新城的产生提供了先决条件。

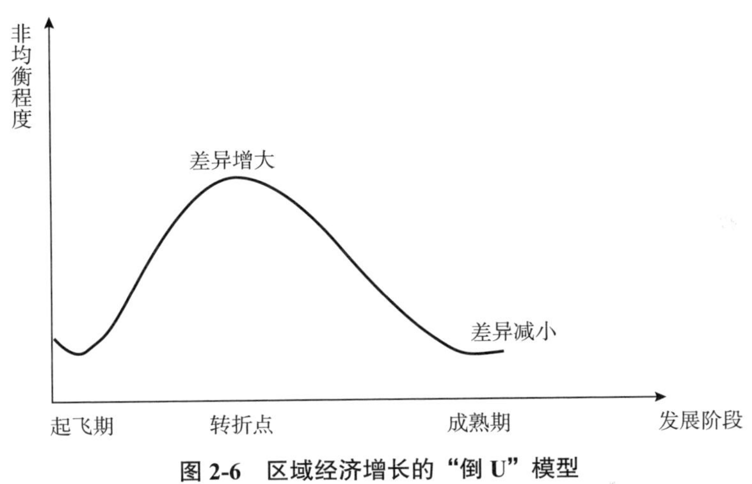

图 2-6　区域经济增长的“倒 U”模型

资料来源：陈建国，《增长极理论演化：产业转型升级新空间研究》，中国指数研究院整理。

四、科技：智力资源成为产城发展的核心要素

随着全球科技化进程不断加速，创新驱动发展成为当今主题，对于国内产业而言，面临着用新技术新业态全面升级改造传统产业的大命题，而传统工业园区已无法满足日益多样的产业业态需求，亟待运营商通过借助科技创新力量，不断促使业态结构从低端制造向高端创新升级改造，通过“腾笼换鸟”，实现自身产业结构的完善，从而增强自身竞争力。而集生产功能、城市功能和生活功能于一体的产业新城，在推进新型城镇化建设、打造更多区域发展引擎、促进产业结构优化调整、加快产业发展与城市建设融合发展方面发挥着日益重要的作用。

美国城市研究专家乔尔·科特金（Joel Kotkin）在其所著的《新地理：数字经济如何重塑美国地貌》中指出，在数字经济环境下，产业布局的地理决定论受到冲击，人才及科技创新机制和环境成为企业选址的主导因素。哪里有企业需要的人才，哪里有企业需要的科技创新体制机制和环境，企业就会选择去哪里。换句话说，新时代背景下，新城的经济发达程度并不取决于传统能源、港口等区位优势，而是取决于一个城市的智力资源优势。宜居环境吸引高端人才，高级人才带动高端产业，高端产业的收益进一步改善宜居环境，这样的良性循环形成了科特金所描绘的“精英型新城”。瑞典首都斯德哥尔摩郊区的希斯塔（Kista）被誉为“欧洲硅谷”，同时被《连线》杂志评为全球第二大科技新城，其产业覆盖电信、无线、微电子、软件等四大领域。希斯塔新城自建设以来，为了吸引和留住人才，一直致力于打造高质量的工作条件和生活环境。新城形成了以产业和居住为主的两大功能板块。其中居住部分总共规划配备了3000个居住单元，它们采用多元化的居住户型，不仅有密度较高的经济型员工公寓、多层住宅，还有高端生态别墅，全方位满足新城各个层级和收入水平员工的居住需求。希斯塔新城注重绿色公园、步行街、林荫道、绿化带等生态廊道的规划建设，尽力塑造建筑与环境景观、人与自然高度和谐的郊外田园风格，创造人与自然和谐共处、绿色生态的新型社区。

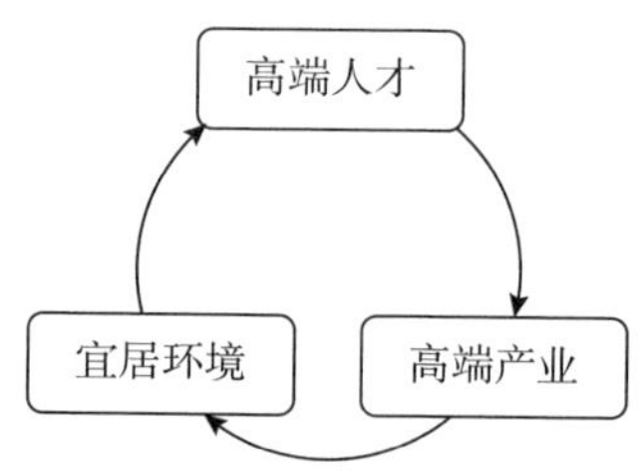

图 2-7 科技新城良性动态循环

资料来源：中国指数研究院综合整理。

随着“大众创业、万众创新”的兴起以及国家创新驱动发展战略的实施，产业新城运营商也在通过自建、引入或并购孵化器、众创空间等增强园区或产业新城的创新发展能力。深圳天安骏业提出的以SMAC，即社交化（Social）、移动化（Mobile）、大数据分析（Analytic）、云计算（Cloud）为代表的新兴信息技术产业，正在快速地普及和应用，并成为改变人类生活和企业运营方式、资源配置方式转型的重要驱动力。

以智慧产城社区BOT的雏形——天安云谷为例，其位于深圳市龙岗区，占地76万平方米，总建筑面积289万平方米，是以云计算、大数据思想规划，并强调“共享、协作、开放”的产城社区。其BOT交互系统融合了“智用”+“智管”+“智服”的云端一体化智能社区。并以SMAC等新一代信息化技术的应用优化产业生态圈的分工与交换，构建O2O社区整体在线智慧园区资源与服务平台，打造线上线下相结合的创新新城。例如，智能保修通过科学指引物业相关工作，实现对维修服务人员以及服务质量的优化。

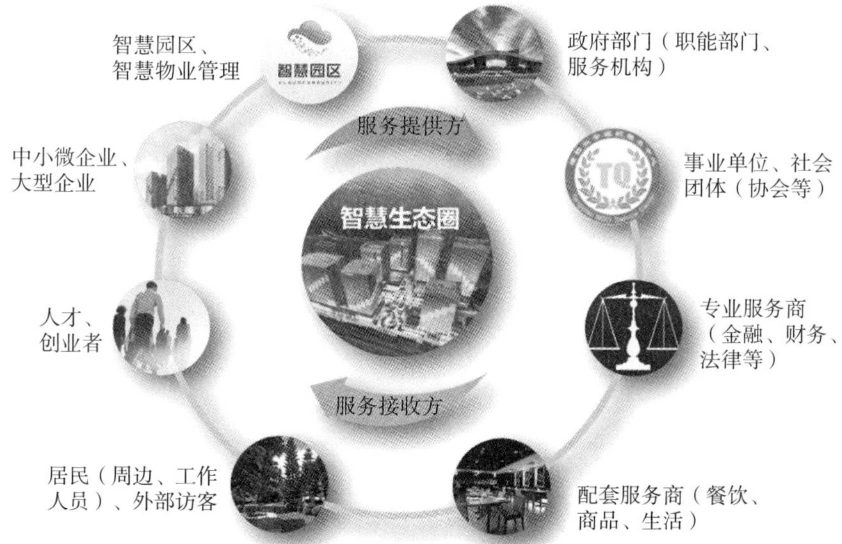

图2-8 产业新城的智慧生态圈

资料来源：天安云谷，中国指数研究院综合整理。

天安云谷认为，所有在产业新城的经济活动关系中充当着一定的角色的人和组织，都是它的目标用户。从产业的“研→产→供→销→存”到生活的“衣→食→住→行→娱”等，他们很多互为服务的提供方和接收方。这些用户相互联系、相互影响，构成了产业新城的智慧生态圈。运营商通过将新一代信息技术充分运用于产业新城建设中，实现了信息化、工业化与城镇化的深度融合。通过对新城内医疗、交通、水、电力等公共服务进行智能化改造，实现了新城功能和公共服务的精细化和动态化管理。

第三节 产业新城发展的区位要素

当前，经济全球化发展进程进一步深化，城市竞争也进入了全球竞争和产业的再分配阶段。城市之间的竞争不再是区域内资源的竞争，而是全球范围内资源的吸引。产业新城作为城市的一种类型，其选址、规划、建设、运营和管理是一个覆盖全产业链的长期系统工程。城市发展需要各种资源的支持，产业新城近远期规划需要结合区域发展规划引导城市群为主体的区域形态，综合环境、区位、产业、市场、人才、发展空间等诸多核心要素，对于产业新城的选址和规划进行可行性分析，以尽可能集约地利用土地和区域优势，实现人口、社会、经济的可持续发展。城市经济发展不外乎受到环境、区位、人口、资本、技术等因素的影响。对于产业新城而言，区位和交通是产业新城选址的主要参考标准。生产型产业新城的选址，首先要考虑的是经济学里讲的三大生产要素：劳动力、土地和资本。科技型的产业新城考虑的三要素则是人才、创新机制和资本。产业新城的选址，可以利用基于 SWOT 模型对于产业新城产生和发展的条件要素进行罗列，进而筛选比较重要的决定性元素，结合当地的经济社会条件进行审慎的适应性分析。

利用 SWOT 模型，首先，要对当地的内部优势（Strengths）做出判断，比如是否有区位交通、生态环境、市场前景、科技人才、土地成本等方面的优势。其次，要对当地的内部劣势（Weaknesses）进行分析，比如资金是否充足，土地溢价率的高低，土地的供应情况等。再次，要对当地未来的外部发展机遇（Opportunities）进行研究，比如国家政策和长期规划方面有无利好，如果导入的是出口型产业，出口环境如何等。最后，要对当地所面临的外部挑战（Threats）进行分析，比如产业基础是否薄弱，是否面临来自周边的同质产业新城竞争等问题。总体而言，要根据当地的实际情况，具体问题具体分析，因势利导，科学理性地对产业新城进行选址。

一、地理位置：毗邻大都市，处于城市群、大都市圈

法国经济学家弗郎索瓦·佩鲁（François Perroux）提出的增长极理论（Growth Pole Theory）认为区域发展的实质过程是区域极化和扩散的过程。由于区域之间的差异，经济发展应该以地理空间为基准选择明确的增长极，比如选择特定产业为突破口、集中资源发展某个特定区域。这些区域首先包括区位条件优越的地区，其次便是资源独特的地区，他认为这些地区易于形成主导产业完整的产业链，进而成为区域经济的增长中心。经济增长达到一定规模，辐射和扩散效应显现，带动周边区域发展。我国先后推动发展了以深圳特区为核心的珠三角地区、以浦东新区为核心的长三角地区、以滨海新区为核心的环渤海地区的三个增长极，带动了珠、长三角、京津冀三大城市群的崛起。不过，需要注意的是，增长极理论会产生两种不同的效应：一是“马太效应”，区域之间的经济发展不平衡加剧，导致地域差距越来越大；二是“扩散效应”，增长极带动周边不发达地区实现区域经济均衡发展。

研究发现，20世纪80年代改革开放以来，随着我国城市化和工业化进程蓬勃发展起来的产业园区、高新区以及近年发展起来的产业新城大多分布于一些城市郊区。从实践案例来看，我国产业新城项目布局越发明晰，京津冀、长江经济带、珠三角为主要布局区域，一些实力雄厚的运营商开始谋求在“一带一路”沿线国家和地区开启国际化战略布局。比如，华夏幸福进一步巩固了环北京及京津冀区域布局优势，同时加快了长江经济带、珠三角、成渝等区域的布局速度。如其代表项目——固安产业新城，距离北京市中心50公里、

距离大兴30公里，位于京津大经济圈交界融合的核心部位，为首都地区“一轴三带”京津发展轴的轴心区，拥有独特的区位优势。此外，河北省环绕北京周边的“四区十三县”，即张家口的涿鹿、怀来及赤城；廊坊的三河、大厂、香河、固安、广阳及安次；承德的丰宁、滦平；保定的涿州、涞水，以及在长三角、珠三角布局的产业新城项目区位优势也比较明显。

产业新城与中心城市的距离与中心城市的城市能级密切相关。城市能级越低，越要距离市中心近。原因在于，二、三线甚至四线城市随着城市能级的降低，向外的辐射能力下降，城市的发展以及对人口、产业的集聚更偏向于城市内部。

城市群作为人口大国城镇化的主要空间载体，是城镇化的主体形态，对区域发展有战略引领和支撑作用。在未来的较长时期内，城市群是中国新型城镇化的主体形态。《国家新型城镇化规划（2014—2020年）》明确提出，要在《全国主体功能区规划》确定的城镇化地区，按照统筹规划、合理布局、分工协作、以大带小的原则，发展集聚效率高、辐射作用大、城镇体系优、功能互补强的城市群，使之成为支撑全国经济增长、促进区域协调发展、参与国际竞争合作的重要平台。国家“十三五”规划中进一步明确，要优化提升东部地区城市群，建设京津冀、长三角、珠三角世界级城市群，提升山东半岛、海峡西岸城市群开放竞争水平；培育中西部地区城市群，发展壮大东北地区、中原地区、长江中游、成渝地区、关中平原城市群，规划引导北部湾、山西中部、呼包鄂榆、黔中、滇中、兰州—西宁、宁夏沿黄、天山北坡城市群发展，形成更多支撑区域发展的增长极。十九大报告中明确指出，要实施区域协调发展战略，以城市群为主体构建大中小城市和小城镇协调发展的城镇格局。随着顶层设计的逐步落实，城市群发展也将进入协同加速新时期。在这一过程中，将在城市内部重新形成要素的匹配，要素的流动向更高效率的目标迈进，明显的标志性特征就是中心城市功能开始随着城市之间紧密度的提升向周边区域外溢。耶鲁大学的中国经济地理地图显示，中国经济在胡焕庸线东南侧围绕一线核心城市形成连绵性集聚，根据2014年数据，“胡焕庸线”东南侧以占全国43.18%的国土面积，集聚了全国93.43%的人口和94.18%的GDP，压倒性地显示出高密度的经济、社会功能，为产业新城的产生发展提供了广阔的空间。

为了缓解大城市病带来的诸多问题，实现京津冀的协同发展，2015年4月，中共中央政治局召开会议审议通过了《京津冀协同发展规划纲要》，指出京津冀协同发展战略的核心是“有序疏解北京非首都功能，调整经济结构和空间结构，走出一条内涵集约发展的新路子，探索出一种人口经济密集地区优化开发的模式，促进区域协调发展，形成新增长极。”党的十九大报告进一步指出要以疏解北京非首都功能为“牛鼻子”推动京津冀协同发展，高起点规划、高标准建设雄安新区。中科院发布《中国可持续发展遥感监测报告（2016）》认为，尽管京津冀已经是我国三大城市群之一，但是目前来看区域发展不协调性依然明显，京、津两极过于“肥胖”，周边中小城市过于“瘦弱”，城市群规模结构存在明显“断层”。不过，随着京津冀一体化的不断推进，目前京津冀的交通一体化已率先取得一定突破，植被覆盖率整体呈现好转态势，非首都核心功能疏解取得明显成效。

从国外较为成熟的东京都市圈的发展路径来看，20世纪80年代后期，随着经济全球化和信息技术的发展，东京都市圈的生产性服务业呈现上升趋势，产业结构显现出“三、二、一”的发展态势，资源与生产要素实现高效配置。都市圈内的核心城市、次核心城市及其他非核心城市之间协调发展，特别是在城市建设、交通体系建设和生态环境保护等方面联系增强。目前，东京都市圈的空间结构基本成型，城市人口和面积逐渐稳定，空间发展趋于均衡。

综上所述，一方面，位于城市群、都市圈的城市对产业、资源的集聚力强，自身具有发展产业新城的客观土壤；另一方面，一些城市位于核心城市周边，当核心城市的发展达到或趋于饱和时，便会形成功能、资源外溢，需要其周边有集城市、生产、生活功能于一体的载体承接产业、资源及外溢人口等，因此，良好的地理位置成为发展产业新城的重要条件之一。

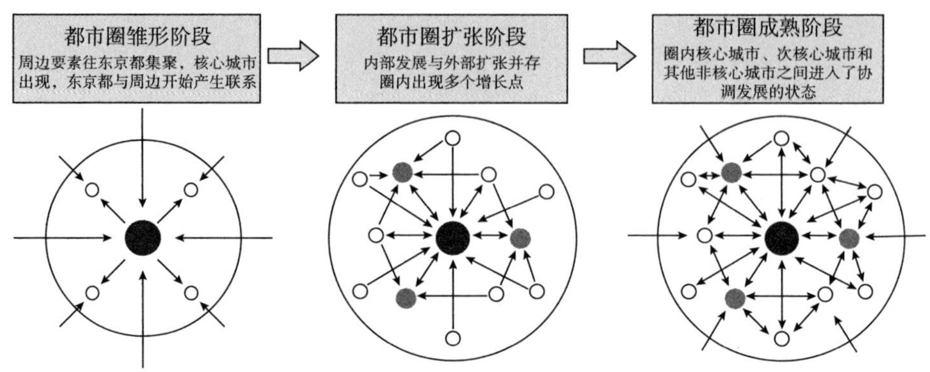

图 2-9 东京都市圈的发展历程

资料来源：张晓兰，《东京和纽约都市圈经济发展的比较研究》，中国指数研究院综合整理。

另外，土地是城市最重要的资源，著名经济学家张五常认为："一个发展中国家，决定土地使用的权力最重要，没有土地就没有什么可以发展，土地得到有效率的运用，其他皆次要。"要有效地利用土地资源，就必须考虑地方的地理条件和地形特征，因势利导，在可持续发展的基础上，实现土地资源利用效率最大化。地形特征对于产业新城选址有较大影响，某些产业的生产建筑要求跨度较大，对地形要求较高。地形的特征主要包括坡度、高程和坡向（少数特殊产业对坡向有要求）。姜秋全等认为平坦型用地最适宜大型制造业的选址；微山型不适用于大多数产业发展，但可以建设服饰制造业等；缓丘型需要进行一定改造才能用于产业新城建设，但会增加建设成本；陡岭型不适宜进行产业新城开发建设。一些类型的产业新城，尤其是空港新城、高铁新城对于地形方面有比较特殊的要求。

二、交通条件：一小时经济圈+"八纵八横"交通枢纽

除区位条件之外，交通条件也是产业新城产生的必要条件之一。研究发现，一个地区的交通优势体现在"质量"、"数量"和"潜力"三个维度，各自具有相对独立而具体的内涵，对区域社会经济的发展起到不同的作用，其中任一维度仅仅反映区域交通优劣的一个侧面，只有三个维度的综合评

估才能真正反映一个区域交通环境的优劣势。研究表明，中国区域交通的优势大致从沿海向内陆逐渐递减；京津冀、长江三角洲、珠江三角洲三大人口密集区域有着明显的交通优势；成渝地区和武汉都市圈有较好的交通优势，但尚未连续成面；而省会城市周边地区和其他城镇密集区域有相对较高的交通优势，但覆盖地域较小。

交通区位对产业新城的布局有重要的影响。在“一小时经济圈”发展产业新城有着先天优势。“一小时经济圈理论”认为通过公路和地铁、轻轨、高铁等轨道交通，可以在一小时以内抵达市中心的区域是聚集效应、竞争优势最强的区域。在城市外部，以某个大城市为核心，一小时可达的区域被视为其腹地区域，如纽约都市圈、大东京都市圈，以及我国的上海—南京—杭州都市圈、广深都市圈和京津都市圈，是发展产业新城的良好区域。剑桥大学研究表明，全球有 80.7% 的人口居住在城市的一小时通行圈内，可达性因收入水平而异；在高收入国家，90.7% 的人口居住在一小时通行圈内，而低收入国家该比例仅为 50.9%。目前，北京依靠腹地区域形成的“一小时”高铁城市经济圈内有 8 个城市；上海周边有 14 个。在长三角、珠三角、环渤海等高铁城市群中，相邻城市间“同城效应”显著，1 ～ 3 小时高铁城市群的城市数量都在 30 个以上。例如，固安产业新城周边有大广、廊涿、京深、京石、津保等 11 条高速公路，其中，大广高速贯穿园区并设有专用出口。便捷的交通不仅是产业新城的产生、发展的基本条件，也是影响产业新城空间发展和空间布局的重要因素。

高速铁路建设是加强区域交通通达性、推动区域经济一体化的重大民生工程。2016 年，中国国家发展改革委、交通运输部、中国铁路总公司联合发布了《中长期铁路网规划》，在原先“四纵四横”的高速铁路基础上，规划了“八纵八横”高速铁路网，这一现代化高速铁路网络将主要连接城市群，基本连接省会城市和其他 50 万人口以上大中城市，形成以特大城市为中心覆盖全国、以省会城市为支点覆盖周边的高速铁路网。实现相邻大中城市 1 ～ 4 小时交通圈，城市群内 0.5 ～ 2 小时交通圈。2017 年 11 月，国家发布的《铁路“十三五”发展规划》提出，到2020年，全国铁路营业里程达到15万公里，其中高速铁路3万公里；高速铁路网将覆盖80%以上的大城市；动车组列车承担旅客运量比重达到65%，实现北京至大部分省会城市之间2～8小时通达。

未来，以高速铁路通道为依托，引导沿线城镇、产业、人口合理布局，促进区域紧密合作和资源优化配置，加快产业梯度转移和经济结构调整，培育壮大高铁经济带、高铁新城等高铁经济新形态，有助于推动枢纽型产业新城向更为复合全面的方向发展。

三、成本落差：中心城市发展趋于饱和，周边新城与其存在区域落差

产业新城的诞生，除了上述的条件之外，也得益于中心城市的两大条件：①中心城市发展趋于饱和，产生外溢效应。②周边新城与中心城市有较大的区域落差，产生成本优势。城市首位度（Law of the Primate City）是用于测量城市的区域主导性的指标，反映一个城市（通常是直辖市、省会城市）在区域城镇规模序列中顶头城市的优势性，通常可以反映地区内资源分布的均衡程度。“首位度”是美国学者马克·杰斐逊（Mark Jefferson）早在1939年提出的一个概念，一般用一个地区内最大城市与第二大城市经济规模（GDP）之比来表示最大城市的首位度。位于都市连绵区、发展趋于饱和，并且首位度较高的城市为周边新城转化为产业新城带来了非常有利的外部经济条件。

目前，由于我国城市发展过快、城市发展成本过高，导致城市承载人口面临的压力越来越大，房价、地价上涨趋势也越来越明显。区域内的最大城市经济成本不断攀升，倒逼一些产业向周边进行扩散，寻求成本洼地，为产业新城的形成提供了条件。在全世界的城市化规律中，市场扩大，然后工业开始发展，最后第三产业替代第二产业，第二产业——工业则开始远离城市，出现了实体经济向城外迁移的逆城市化的现象。这实质上是产

业寻求成本洼地的体现，从而形成一种集聚效应，吸引更多的劳动力进入。产业向中心城市周边小城镇迁移集聚的原因在于：①经济成本相对较低。②管理成本也相对较为低廉。因此，企业选择成本洼地是产业新城形成的一个重要基础。

一些产业新城其实是飞地经济的一种形式，其产生的根本原因在于不同地域的土地、人力等资源成本的落差以及政府政策的支持。根据美国城市经济学家 1992 年的定义，"飞地经济"（Enclaves Economy）是指两个相互独立、经济发展存在落差的行政地区通过跨空间的行政管理和经济开发，打破原有行政区划限制，实现两地资源互补、经济协调发展的一种区域经济合作模式。国内最早的"飞地经济"实践经验来自于 1994 年的中新苏州工业园区，其不仅是中国政府与新加坡共建园区的成功典范，也是改革开放的重要成果之一。近年来，一些地方对"飞地经济"进行了积极探索，形成了多种多样的合作模式。例如北京亦庄开发区与河北廊坊市开展合作，积极转移亦庄传统生产制造业，为其产业转型开辟了新空间。2017 年 6 月，国家发改委等八部委联合发布《关于支持"飞地经济"发展的指导意见》，提出要创新区域合作机制，通过发展"飞地经济"、共建园区等合作平台，建立互利共赢、共同发展的互助机制，吸引社会资本参与园区开发和运营管理，探索政府引导、企业参与、园区共建、利益共享的合作模式。这将有助于加快区域市场的统一，促进资源要素的自由流动，推进区域间的协同发展，并为联系密切的产业新城、新区和中心城市之间深化合作打破制度藩篱。

总体来说，产业新城是驱动要素和条件要素等多重因素合力产生的结果，城市化是产业新城产生的宏观背景，政策推动产业新城的形成与发展，产业则是推动产业新城发展的动力引擎，科技对于产业新城的发生发展产生了催化升级的作用。另外，产业新城的产生发展必须考虑区位、地理、交通等条件，城市群的协同发展、地方政府经济发展效益的提升需求等因素进一步推动了产业新城的产生与发展。

第三章　国内外产业新城的发展历程

19 世纪后期，第二次工业革命带来了工业的大发展，工业发展推动了城市的大发展，人口和产业向城市快速集聚，大城市中心区域开始出现人口和经济压力，城市再造思潮也逐步兴起。在这样的背景下，出于对城市空间结构调整的需求，客观上也使中心城市的部分功能向外溢出。从最早的新城建立思路来看，其根本出发点是缓解日益膨胀的城市人口压力，疏解大城市内部部分产业职能及其相应的人口。进入 20 世纪后，西方各国均开启了城市疏解的新时期。以英国 1946 年制定的《新城市法》为标志，在中心城市周围建立中小城市成为西方发达国家的典型城镇化模式。

国家	代表性产业园区及新城	国家	代表性产业园区及新城
中国	华夏幸福固安产业新城	德国	德国鲁尔工业区
	上海张江高科技园区		
	苏州工业园区		
	台湾新竹科学工业园		
美国	硅谷	新加坡	新加坡裕廊工业园
	尔湾生态新城		
	东北部工业园		新加坡科学园
	弗吉尼亚州里斯顿新城		
英国	剑桥科学园	日本	日本筑波科学城
	米尔顿·凯恩斯小镇		
	英国中部工业园		
法国	格勒诺布尔科学园	韩国	韩国松岛新城
	索菲亚科技园		韩国大德科技园

图 3-1　全球代表性产业园区及新城

资料来源：中国指数研究院综合整理。

从前述国内外研究理论可以看出，疏解过程中中心城市产业功能的外溢形成了产业新城的最初雏形——产业园区。因此，自工业化大发展诞生以来，产业园区已有近 150 年的发展历史，无论是从国外还是国内的发展历程来看，每个阶段都有其鲜明的特征。国外产业园区早期是为城市人口和产业发展提供必要的空间以及相应的设施，后来随着全球工业文明的发展及城市功能的逐步加深，被赋予更多功能，并成为一个城市乃至国家的重要经济支柱。与此不同的是，中国产业新城作为我国改革开放和发展经济需要的产物，早期得益于世界产业转移分工的利好，伴随中国经济快速发展的迭代作用，逐步走向成熟。

第一节　国外产业新城的发展历程

产业园区实践最早起源于 1870 年的工业化国家，由于产业革命带来的工业大发展，产业园区有了初步的概念。“二战”后，随着西方的战后重建和经济发展“黄金时期”的到来，产业园区在世界范围内迅速发展，从最初的工业园区发展到 20 世纪 80 年代的产业新城，从最初为疏解大城市以及应对新增人口而建立新城，到后来产业新城被赋予发展知识经济、提高城市综合竞争力的新使命。经过一百多年的发展，在区域经济发展乃至宏观经济的舞台上，产业新城发挥了巨大的推动作用。

英国作为现代新城运动的发源地，率先提出了区域范围内构建“反磁力吸引”（Anti-magnetic Attraction）体系。以伦敦为例，其新城的规划可以分为三个阶段：第一阶段（1946～1955 年）、第二阶段（1955～1966 年）分别以哈罗（Harlow）新城和坎伯诺尔德（Cumbernauld）新城为代表，其建设主要以疏散大城市（伦敦）人口为目的，不足之处主要表现为新城在空间上过于依赖新城的中心区域，人口规模小，密度低，经济活力不足，难以提供充足的文娱或其他服务设施。而以米尔顿·凯恩斯（Milton Keynes）为代表的第三阶段的产业新城（20 世纪 60 年代开始至今）则不仅仅是大城市过剩人口的疏解点，也是区域经济发展的子中心。

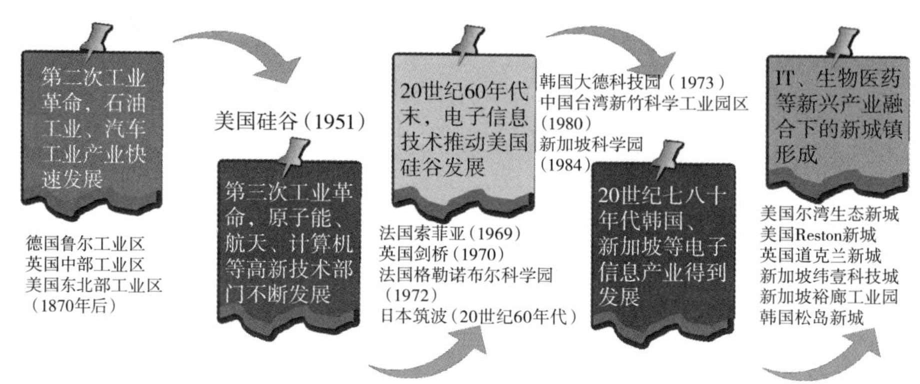

图 3-2 产业园区及产业新城发展阶段

资料来源：中国指数研究院综合整理。

一、起步阶段：科技革命推动园区萌芽

20 世纪 40 年代，第三次工业革命兴起，原子能、航天、计算机技术等高新技术部门不断发展，对工业用地的需求迅速增加。1951 年，被喻为“硅谷之父”的斯坦福大学工学院院长弗雷德·特曼（Frederick Terman）教授建立了美国首个科技工业园——斯坦福工业园区（Stanford Industrial Park），通过出让土地给工业企业取得租金收入，这是硅谷的早期雏形。此后，斯坦福工业园入驻企业不断增多，为硅谷的成型和电子产业的发展奠定了基础。硅谷的成功源于以下几个方面的因素：一是风险资本的推动，1972 年第一家风险投资机构落户硅谷，此后，风险资本对硅谷公司的推动作用越来越显著。1980 年苹果公司的上市吸引了更多风险资本来到硅谷。目前，风险资本的支持是硅谷新企业不断形成、新技术的开发应用等方面不可缺少的保障。二是大学和研究机构的技术及人才输送，除风险资本外，硅谷内大学、研究机构的作用也不可忽视。斯坦福大学除了为硅谷企业输送源源不断的技术和管理人才外，通过与硅谷企业建立合作机制，也促进了大学与企业间的技术转换。三是重视研发和创新，硅谷企业的研发部门以基础研究为主，以市场需求为导向，重视产品从研发到市场的转换过程。

二、发展阶段：政府主导，技术创新推动

20 世纪 60 年末，美国硅谷的成功使其他国家纷纷效仿，发达国家的政府主导建设了以基础科学研究为核心的产业园和科技园，比较成功的案例有：法国索菲亚科学园（Sophia Antipolis，1969）、新加坡裕廊工业园（Jurong Industrial Park）、英国剑桥科学园（Cambridge Science Park，1970）、法国格勒诺布尔科学园（Inovallée，1972）、日本筑波科学城（Tsukuba Science City，20 世纪 60 年代）等。这些园区的建立，不仅促进了当地的就业，而且对所在地区的经济发展，特别是通过技术创新推动经济增长发挥了关键作用。与硅谷相比，这些园区也存在一些相似和不同的特点。

表 3-1　发展阶段代表园区与美国硅谷的区别

相同点	不同点
园区内大学、研究机构的带动作用：例如，法国索菲亚科学园中的尼斯大学，日本筑波科学城中聚集了 30% 的国家研究机构及 40% 的研究人员	研究方向：硅谷在以基础研究为核心的基础上，兼顾纯科学研究和应用研究，而剑桥科学园专注于纯科学研究，基础研究和应用研究相对不足
风险资本的支持：硅谷和剑桥均强调风险资本对园区企业的资金支持，剑桥科学园中的风险资本支持了很多高科技企业白手起家	增长方式：早期的索菲亚科学园更注重招商引资形式的外生增长机制，在园区内部的人员流动、新企业的形成能力上显著低于硅谷

资料来源：中国指数研究院综合整理。

位于“立体花园城市”新加坡的裕廊工业园（Jurong Industrial Park）成立于 1961 年。20 世纪 60 年代前，新加坡只是一个港口货物集散地，其经济来源主要依靠国际转口贸易，工业基本一片空白，与现代化都市经济相距甚远。通过裕廊工业园 50 多年的发展，新加坡经济脱胎换骨，不仅形成了完整的工业体系，取得了非凡的经济成就，新加坡政府还逐步摸索出一整套的现代化经济管理经验，主要包括积极吸引外资引进国际龙头企业、实行自负盈亏的企业化园区管理、贯彻“亲商”理念建立“一站式”服务体系、培训高素质工人、注重现代化城市规划等。新加坡政府以裕廊工业区的管理经验为基础，并进一步充实，形成裕廊模式，强力推动新加坡国民经济建设和发展，之后也将这一模式成功推广到中国等其他国家。

表 3-2　　新加坡各历史发展阶段的宏观政策

发展阶段	国家初创（1965～1973年）	高速增长（1974～1985年）	发展服务业（1986～1997年）	总部计划（1998年以后）
主要问题	面临生存危机，内忧外患，困难重重	劳动力短缺	劳动力成本提高，房地产过热	经历金融风暴，经济增长不稳定，国际形势变化巨大，土地和劳动力成本高昂
政策重点	强制推行中央公积金，增加国家资本积累，吸引外资，发展转口贸易和劳动密集产业	通过制度移民法解决廉价劳工的来源；限制本地劳动力成本的提高，发展有一定技术含量的加工业	大力发展服务业，特别是金融和信息资讯服务业，推动经济地区化，形成贸易和金融中心	进入转型期，探寻新的经济增长模式，紧抓知识经济机遇，向创新型转变。发展高技术产业，特别是生物制药业；发展产业高端环节；鼓励创新创业

资料来源：高洪深，《区域经济学》，中国指数研究院综合整理。

裕廊工业园主要有以下六大特色。

第一，科学规划促进产城融合发展。裕廊集团（JTC）的一大优势在于其科学的规划，在科学规划园区产业发展的基础上，综合考虑人的工作、生活、学习、休闲娱乐等各种需求，进行适度超前的基础设施建设。裕廊工业园现已建成多层次工业区兼风景优美的旅游区，园区工业基础设施和生活基础设施齐备，轻、重工业兼备，还设有自贸区，园区建有 10 多个公园，成为名副其实的“花园工业镇”。新加坡产城融合发展模式被推广到其他国家，中国苏州工业园区有效借鉴裕廊工业园的规划、发展等，成为中国产城融合发展的典范。

第二，政府主导开发。新加坡裕廊工业园初期的开发主要是由政府主导。1961 年新加坡政府在裕廊地区划定 6480 公顷土地拟发展裕廊工业园，并拨出 1 亿新元作为开发资金。1961 ～ 1968 年这一开发阶段，新加坡经济发展局负责经营裕廊工业园，为其制定发展规划，并大规模开展拓荒填土工程，进行工业基础设施建设。1968 年 6 月，新加坡政府成立裕廊镇管理局，将本国工业园区开发和营运工作全盘授权给 JTC，由其负责裕廊工业园的经营管理，由此，园区进入了全新发展时期。在开发初期，政府主导开发使园区建设初期以快速且较低成本方式获得土地，得以有效保证项目快速启动而后达到规模经济。

第三，全球范围内集中招商。新加坡政府一开始就明确外资对新加坡经济发展的重要性，招商引资不仅作为国家经济管理部门的基本职能，更将其上升至每个国民需要积极履行经济发展的职责高度。裕廊工业园的招商工作由新加坡经济发展局统一负责，打造了一支招商精英团队，在世界各地均设有招商分支机构，并根据本国经济发展实际，选择适宜客户群。经济发展局重点引进三类客户群体：战略性公司的市场、财务等重要部门，技术创新型公司的研发部门，生产型企业的先进生产技术部门。现在，有 7000 多家跨国公司在新加坡设立机构，部分将其总部设在新加坡，“总部经济”蔚然成风。

第四，“政联公司”化经营管理。新加坡政府虽然是裕廊工业园最初的开发者，却并未直接参与工业区的具体管理。JTC 是企业与政府的结合，具有很高自主权，是自负盈亏的“政联公司”，但又是政府投资和规划的法定机构。JTC 本质上是一个房地产开发商，但是园区管理委员会的很多服务都涉及政府公共管理领域，JTC 作为园区的开发者和推广者，还提供治安维护、税收、海关、社会保障、教育、计划生育、全民体育运动、劳工等多项公共服务，打造周全的“一站式”服务体系，有效降低了企业与政府相关的交易成本。

第五，注重科技、知识等创新要素带动。新加坡特别注重科技对经济的带动作用，制定了符合自身发展的科技战略。JTC 在南洋理工大学（NTU）、新加坡国立大学（NUS）和新加坡科技与设计大学（SUTD）建立三个 JTC-I^3 研究中心，加强研究机构和 JTC 之间的研究合作。2014 年 JTC 还推出开放式创新号召（JTC’s Open Innovation Call），通过进行测试和试验推出创新解决方案，以促进可持续发展的 JTC-I^3 合作计划。

第六，服务品牌推动工业区对外扩张。新加坡作为一个岛国，国内资源匮乏，发展空间狭小。为此，JTC 成立了裕廊国际和腾飞公司专事在全球输出其卓越的园区服务管理品牌和资本，实现其全球布局。特别是 90 年代以来，为进一步推进经济增长，新加坡大力推行“区域化经济发展战略”，加速海外投资的发展。50 多年来，JTC 在新加坡开发了 45 个工业园区，并接着在全球 116 个城市拓展了 750 多个项目，总面积近 12 万平方公里，相当于再造 171 个新加坡，被誉为亚洲“工业园区孵化器”。这一扩张模式突破国家界限，在多个国家复制新加坡裕廊工业园发展模式，寻求到更多资源和市场，破解本土发展的物理空间瓶颈，赢得更多利益，并将“裕廊品牌”推广到其他国家，打造出“裕廊管理”这一核心竞争力。

三、成熟阶段：企业带动、配套超前、生态优越

后工业革命时代，老牌资本主义国家逐渐走向成熟，出现了人口老龄化、逆城市化、中心城区空心化等现象，受此影响，核心城市周边形成了一些产城融合、宜居宜业的新城。例如英国的米尔顿·凯恩斯（Milton Keynes）新城，位于伦敦与伯明翰之间，东南距伦敦80公里，西北距伯明翰100公里，最初是作为接纳从伦敦地区疏散出来的过剩人口和工业的卫星城镇，在当地政府全面科学的规划和有序开发下，已发展成为英国新城镇建设的成功典范。米尔顿·凯恩斯新城在建设之初就充分考虑了城镇建设和居民生活诸如居住、环境、消费、教育、发展、交通等各个方面，并在建设伊始就按照市场规律来运作，并充分利用地理位置、交通的优势以及完善的基础设施建设，大力兴办零售、信息、咨询、保险、科研和教育培训等服务业，吸引大型跨国公司前来投资。米尔顿·凯恩斯在建镇之初就非常重视环保，各种花园、自然公园、人造湖泊、环城森林的布局不仅为当地增加绿色空间，而且为居民提供了重要的娱乐休闲场所；小镇建设的购物中心，至今仍然可以有效利用，便捷的公共交通系统使其成为商业中心，市政厅、图书馆、电影院、餐厅、健身房等配套设施一应俱全，且布局合理，而且至今仍能满足人们的日常生活休闲娱乐的需求。目前，米尔顿·凯恩斯新城已经成为区域中心城市，其发展详细介绍请参见本书第三篇第十章内容。

第二节　国内产业新城的发展历程

在中国，产业新城作为经济社会发展的产物，其发展过程也烙下中国经济发展和城镇化过程的印记。改革开放开启了中国经济社会快速发展的

新篇章，也成为中国城镇化进程的重要推动力。随着中国第一个对外开放的工业园区——蛇口工业园创立，产业园区开始成为中国经济创新和发展的重要载体。伴随着全球化产业转移分工的利好，中国逐步成为“世界工厂”。自改革开放以来，中国产业园区和产业新城发展迅速。据不完全统计，截至2017年7月，国务院共批准设立各类国家级经济技术开发区、高新技术开发区、综合保税区、边境经济合作区、出口加工区，旅游度假区等五百多个，其中包括国家级经济技术开发区219个，国家级高新技术开发区156个，国家级保税区12个；此外，各类省级产业园区约1600个，较大规模的市产业园1000个，县以下的各类产业园上万计。

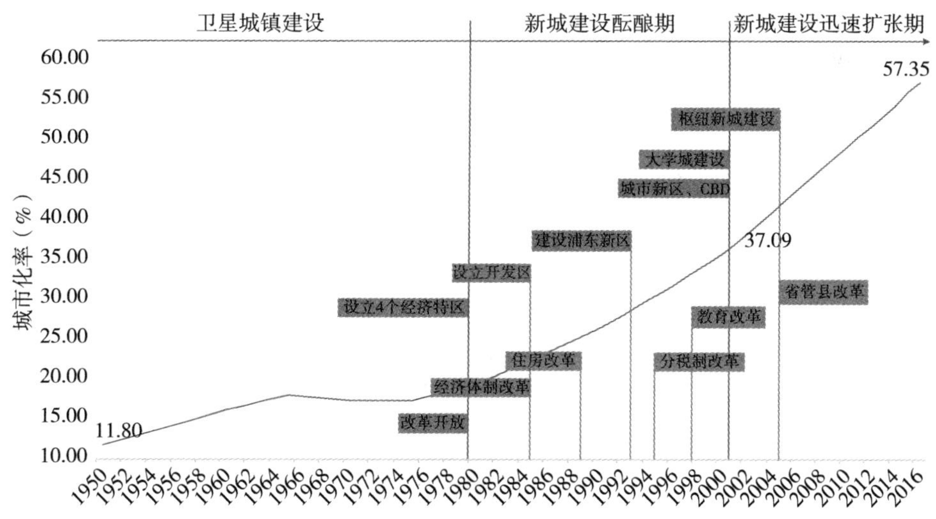

图3-3　中国新城发展历程

资料来源：邬登悦，《中国新城发展历程与类型研究》，中国指数研究院综合整理。

得益于中国经济的迭代作用，在产业转型升级的背景下，园区逐步从工业经济向服务经济转变，园区形态也不断演进以适应当时的经济发展环境。分阶段来看，从最初传统的产业园区发展到目前的产业新城，共经历了四段发展历程。目前，随着经济结构的战略性调整，我国传统的以“产业”为主导的产业、工业园区正在向“产城一体化”的综合性产业新城转变，其区域功能结构更为复合、全面，对产业服务的配套要求也更为精细化、多元化。

表 3-3　　从中国产业园区到产业新城发展的四个阶段

园区阶段	第一阶段	第二阶段	第三阶段	第四阶段
时间范围	1978 ～ 1991 年	1992 ～ 2000 年	2001 ～ 2008 年	2009 年至今
主要事件	改革开放，开放经济特区，创建工业开发区	邓小平南行讲话，高新技术开发区兴起	加入 WTO，世界工厂形成，国际竞争加剧	积极推进城镇化，实施创新驱动发展战略
代表项目	蛇口工业园	深圳科技工业园	大连软件园	固安产业新城
代表案例发展特点	初期依托特殊政策和香港出口加工基地转移的时机发展成以外资（港资）企业为主的低端制造业加工基地	依托中科院系统科研与开发优势，开拓发展高新技术产业，打造成为生产、科研、教育于一体的综合基地	依靠其内生动力和技术创新实现产业升级，打造结构和功能复合化、立体化的产业园区，城市发展更加注重人的感受	复合规划各大功能区域，使得各区域之间混合生长、协同发展，让生产和生活有机结合，形成一个现代化的产业新城

资料来源：中国指数研究院综合整理。

一、生产要素集聚阶段

生产要素集聚阶段以劳动密集型的加工制造业为主，城市配套匮乏。改革开放初期，中国第一批产业园区在沿海地区兴建起来，通过行政手段划出一片区域，依靠国家或地方出台的优惠政策吸引外资，聚集各种生产要素，通过低廉的土地和劳动力成本和优惠的税收政策成为发展劳动密集型产业的特定区域，该阶段园区产业多以低附加值的出口加工制造业为主。这一阶段中国处于兴办产业园区之初，既缺乏资金，又缺乏建设管理经验，因此大部分园区都存在基础设施建设不完善、行政管理体制较落后的问题，园区一般分布在城镇边缘，基本还是纯粹的产业园区，多为单个或同类企业的聚集区，相关生活配套设施极度匮乏，园区就业人员的居住及生活配套还需依托中心城区来完善。蛇口工业区初期主要依靠特殊优惠政策和香港出口加工基地转移的时机，发展成以港资企业为主的低端制造业加工基地，当时园区以单纯的工业园区为主，城市配套较为匮乏。

二、产业主导阶段

从20世纪90年代开始，开发区之间的竞争逐步加剧，产业主导阶段体现为以技术密集型的高科技产业为主，城市配套逐步受重视。随着邓小平二次南行讲话，掀起了对外开放和引进外资的新一轮高潮，中国产业园区的建设也进入快速成长阶段。此时园区以高科技产业为主导，实现产品制造、研发的复合型发展，在此基础上衍生出一批具有分工协作的关联企业，并在国家宏观决策的引导和市场机制调节的双重驱动下，发展技术密集型产业和高新技术产业，积极构建产业价值链，扩大产业集聚，产业间的协同发展初见效应，在某种程度上已经开始形成产业闭环。园区之间依靠降低土地成本吸引外资、技术和企业的策略造成了粗放的土地利用方式，开发区规模不断扩大，当然这也从另一方面刺激园区向新城快速发展转型，园区配套设施逐步得到重视。由于此时产业园区仍以产业建设为主，因此在推进宜居宜业的现代化新城方面仍然不够完善，与城市的融合度也有限。作为首批国家级高新技术产业园区，深圳科技园区将中国科学院系统科研与开发优势同深圳特区的经济、贸易、地理优势结合起来，积极引进外资和国内外先进技术，不断开拓高新技术产业，发展成为以电子信息、新型材料、生物工程、光电子、精密机械、精细化工等领域为重点的生产、科研和教育相结合的综合基地。此时，园区的选址、环境与布局已经开始重视控制生产性建设用地的面积，而扩大非生产性用地的建设，并强调建设有比较完善的城市生活设施和配套的社会服务体系，包括生活区和公共建筑等服务性公共设施及绿化用地等，使园区的发展在获得经济效益的同时，社会效益也能得以集聚。

三、产业升级、配套完善阶段

2001年中国加入世贸组织（WTO）之后，开发区优惠政策越来越规范化和透明化，产业园区向特大城市集中趋势明显。该阶段以“创新”为突破口，以先进制造业和特色服务业为主，不断完善城市生活配套设施。加入世贸组织后，贸易壁垒持续降低，国内工业品市场日益受到国际竞争的挑战，开发区之间、开发区与非开发区之间竞争加剧，国内产业结构战略亟待转变。同时，外商直接投资规模加大，大型跨国公司的进驻，对技术密集型产业的发展和工业产业结构的升级起到带动作用。各产业园区依靠自主创新驱动经济发展，并与企业、大学和研究机构、政府等各创新行为主体进行多层次的协同创新，同时借助产业链招商获取国际创新资源，转向利用跨国公司争夺国际价值链分工的中高端位置。

这一阶段，虽然园区仍然比较关注产业发展，但随着园区功能的不断完善、人文环境的逐步构建，园区内企业与个人高度聚集，就业人员在园区内就可享受到相应的生活娱乐配套设施，也可同时依赖城市中心附近的配套。例如，亿达大连软件园初期抓住全球服务业跨国转移的机遇，利用大连独特的地理、人文优势，从承接日本外包业务起步，逐步扩大业务范围，形成集聚优势，并利用人才先行的战略，创建大连东软信息学院，推行人才培训、校园招聘、策划并推广全球巡回招聘活动，有效地培养和招募了大量高水平的软件精英。在城市建设方面，大连软件园坚持产城融合发展的思维，进行了产业、教育、生活的综合建设，形成了一个集工作、生活、商务为一体的国际化软件社区。

四、产城融合阶段

现代化产业新城阶段多以知识密集型的创新产业为主，发展成为多功能的城市综合体。2009 年以来，全球金融危机对中国外向型经济产生了较大的冲击，随着中国经济转型发展时期的到来，加快城镇化进程便成为拉动内需的重要方向，而产业园区的建设也进一步打开了城镇化发展的大框架。建设创新型国家战略的提出，更是将作为双创载体和中国经济升级转型引擎的产业园区，提升到了一个新的历史地位。在该阶段，国家对园区开发的重心向提质增效、转型升级方向转变，对开发区数量进行适度控制。

园区开发过程中更注重新兴产业，知识密集型项目的引入，强化园区创新及转化功能。并以多产业集群的整合发展为主体，一方面提升了产业的整体竞争力，另一方面也加强了集群内企业间的有效合作，发挥了资源共享优势。

随着经济的发展、产业结构的优化升级和社会化大生产的不断推进，此阶段的产业园区越来越向综合化方向发展，园区逐渐成为集住宅、写字楼、商业、休闲、娱乐于一体的城市综合体，聚集了大量的常住人口，产城关系得到了较好融合。在这种多功能的综合体内，人们的工作和生活需求同时完全得到满足，本身就达到了一个新城的标准。此阶段，以开发运营产业新城为发展方向的产业新城运营商也应运而生，他们凭借市场化手段，依托专业化的服务平台，高度重视产业发展与城市扩张之间的内在关系，使得“产城融合”成为支撑区域经济社会发展的一个突出亮点，具备高势能优势的现代化产业新城已然成为产业园区运营的主要方向。例如，固安产业新城立足于营造一个产业与人居、生态保护与城市建设互融共生的“生态圈”，早期提出了“公园城市、休闲街区、儿童优先、产业聚集”的规划理念，并确立了电子信息产业、现代装备制造业、汽车零部件产业三大产业方向，综合规划了中国北方电子信息产业基地、现代装备制造业基地、中国北方汽车零部件产业基地、生活配套区、城市核心区，五大区域突出功能分区，科学有效地实现了各个区域功能之间的混合生长、协同发展，使得生产与生活有机结合，形成一个现代化的产业新城。

表 3-4　　中国产业园区、产业新城的四种类型

园区类型	传统园区	科技园区	主题园区	产业新城
产业	低附加值、劳动或资源密集型传统产业	外向型的产业，偏向高新技术产业	文化、电影、创意、服务等产业	多产业集群，文化创意、科技创新及高端现代服务业为主
园区功能	加工型、中低端产品制造与加工	高新技术产品的制造、研发复合功能	创意、消费型，创意、生产、交易、休闲等复合功能	复合型，事业发展中心，生活乐园

续表

园区类型	传统园区	科技园区	主题园区	产业新城
产业空间形态	纯产业区，在空间上沿交通轴线分布，单个企业或同类企业聚集	产业社区，产业间开始产生协同效应，在空间上形成围绕产业集群圈层布局	产业联系密切，在空间上形成围绕产业集群圈层布局	综合型新城，在空间上城市功能与产业功能完全融合
园区特点	人力密集型，污染严重，正在逐步被淘汰	聚焦高新技术产业，高素质人才、信息、技术、产业配套服务均有	文化要素聚集，功能复合，企业和个人高度聚集	城市功能与产业功能融为一体，人才聚集程度进一步提升
与城市发展空间关系	基本脱离（点对点式） 一般分布在城镇边缘，无居住与其他配套，需求依托中心城区，园区与城市融合度极低	相对脱离（中枢轴辐式） 园区侧重产业发展，就业人员的基本需求可得到满足，但与城市融合度有限	相对脱离（串联式） 园区初衷仍更关注产业发展，但某种程度上开始形成产业闭环，就业人员同时依赖产业园区与城市中心附近的配套，与城市融合度仍不高	紧密融合（多极融合式） 园区日常聚集了大量的常住人口，居住、商贸、教育、休闲娱乐等活动聚集，多功能综合体园区，本身就是一个新城
示意图				
配套设施	极少配套	配套生活休闲娱乐区域	配套文化商业生活娱乐等设施，构建人文环境	配套完善，集居住、办公、商业、休闲娱乐为一体的都市综合体

资料来源：中国指数研究院综合整理。

目前，就中国市场化运作的特色园区来说，由于各地产业发展和城镇化水平存在差异性，各产业园区也处在不断演化的过程中。按照园区产业是否与城市功能融合，中国产业园区可分为两大类型，其中大部分产业园区的重点还是聚焦在产业上。依据园区产业定位的不同，可分为传统型园区、主题园区和科技园区，其中，传统型园区主要是以单一的中低端产业制造加工为主，主要集中在我国中西部欠发达地区；大多数园区则集中于科技园区和主题园区，其自身的城市功能也在不断加强。除此以外，产业新城则是产业园区的高级形态，更注重产业与城市的并行发展，以实现产城融合的一体化发展。

第四章　产业新城发展模式

产业新城的参与者众多，其中，最核心的驱动力来自于政府支持和市场机制，两者共同推动产业新城的产生和发展。按照这两种力量参与程度的不同，结合产业新城开发运营主体性质的差异，我国产业新城可分为政府主导模式、市场主导模式和政府—市场协作模式（简称为政企协作模式）。在不同模式下，各参与主体扮演的角色会有所差别，这种差异贯穿于产业新城的开发、运营和管理等整个过程。在中国产业新城演进过程中，产业园区是部分产业新城发展的初级阶段，是我国产业新城发展模式研究中不可或缺的一部分，因此也将纳入我们的研究范围之内。

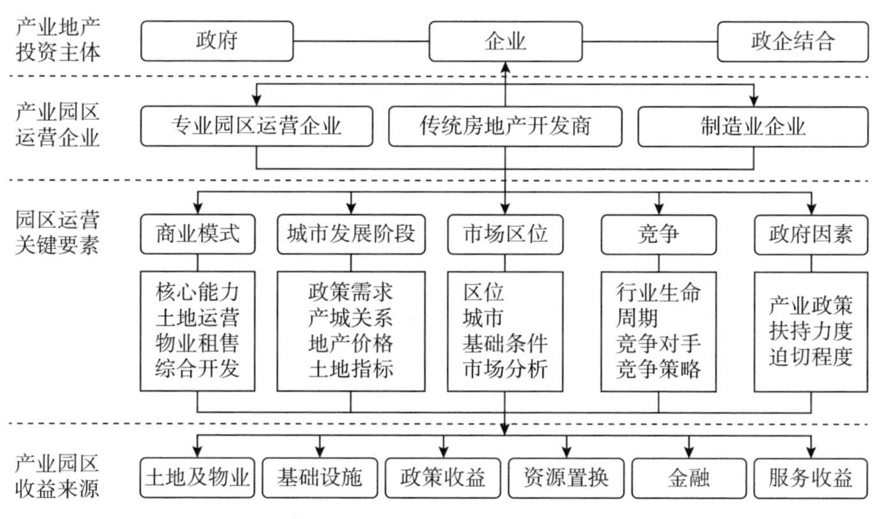

图 4-1　产业园区运营要素图

资料来源：中国指数研究院整理。

第一节 政府主导模式

政府主导模式是在政府主导的前提下进行，政府创造相关产业支持政策、税收优惠等条件营造园区与其他工业地产项目所具备的独特优势，通过招商引资等方式将土地出让给企业自主开发建设，按区域规划发展集群产业。以北京中关村、北京经济技术开发区、上海张江高科技园区、天津经济技术开发区、苏州高新技术产业开发区、武汉东湖新技术产业开发区、新加坡裕廊工业园为代表的产业新城（园区）开发运营模式均属于政府主导模式。

一、政府主导模式概况

政府主导型开发是指在产业新城开发过程中以政府为主导，由政府牵头组织不同部门负责新城的开发、建设、招商、运营和管理等工作。政府通过提供产业支持政策、税收优惠等条件，为新城营造其他园区与产业地产项目所不具备的独特优势，同时按照区域规划以招商引资的方式将土地出让给相关企业进行自主开发建设。

政府对新城开发建设实施统一领导、统一规划、统一管理，具体体现为政府负责制定新城建设的总体战略部署，协调开发建设过程中的重大决策和问题，组织征地拆迁、规划设计、基础设施和配套设施的建设等。目前，国内大部分的经济开发区、高新区等产业聚集区都以政府主导模式为主，其行政主体通常是管委会，主要承担经济和社会双重功能，包括产业招商和社会事业等；开发主体通常是下设的投资开发公司，以基础设施建设为主。

政府主导模式下，行政化管理主要采用政府管委会管理体制，新城管委会作为一级管理政府，具有政府管理职能和相关的经济管理权限，管委会为企业入驻、发展提供相关服务，如为企业提供企业设厂、工厂建设、员工招聘到企业运行等各个环节的行政管理和服务，承担一级政府的社会管理职能。

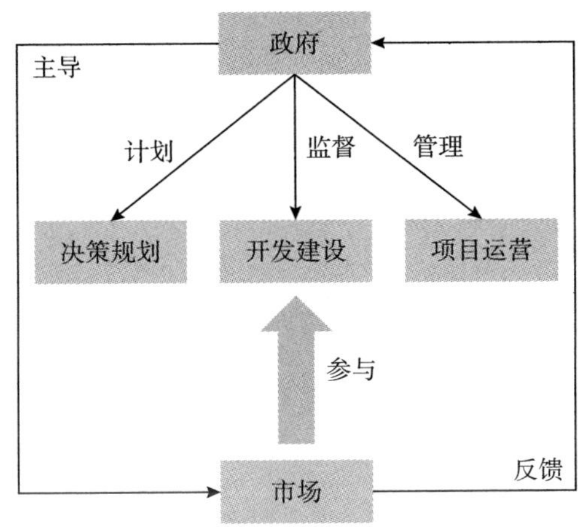

图 4-2　政府主导开发流程

资料来源：中国指数研究院综合整理。

政府主导型产业新城开发具有一定优势，政府通过强有力的规划控制和引导，可以实现长期的持续性规划意图；能够以较低成本获取大量土地并解决土地整理和基础设施建设阶段的资金问题；依靠资源和权力的集中，在招商公信力、政策、税收等方面具有一定优势。但是此种模式也有一定缺陷，一旦政府在规划引导、政策导向方面出现失误，则有可能导致新城新区的供给与需求不匹配，导致社会资源的大量浪费；政府向公共事业投入大量资金，这些投资在短期内难以获得收益和回报，会造成沉重的财政负担；此外，由于市场化程度不高，会出现一些效率低下、发展不均衡等问题。

二、政府主导模式的案例分析

鉴于政府主导的新城新区模式存在商业化不足的风险，这就需要政府谋定思变，创新开发运作模式。苏州工业园区通过成立中新合资的商业开发机构，在中新政府的协议之下成立开发公司，进行商业化运作。开发公司购入土地，进行基础设施建设，再通过招商引资转让土地获取收益。由于风险性高、不确定性大，商业化的开发公司需要平衡好商业性开发运作和基础性公共设施建设之间的关系，也要求当地要有良好的投资环境，规范透明的政策管理以及较为完善的公共服务体系。

苏州高新区是苏州市委、市政府于1990年开发建设，1992年成为最早一批国家高新技术产业开发区。新区开发组织经历了三个阶段：1990～1996年，高新区和行政区管理上各自为政，管委会有独立的财税、规划、土地、工商管理权；1996～2002年，苏州高新于1996年上市，建立了重要的融资平台，1999年管委会与高新集团管理上分开，高新集团成为积极的投资主体，土地批租向土地经营转型；2002年以来，开发区和行政区职能合并，成立“高新区、虎丘区”，小政府、大社会初见成效。

苏州高新区开发组织模式的主要特点是：①成立了苏州高新集团，集团具有投融资职能，发挥了重要的土地开发资金筹措功能，并承担了大量土地开发、基础设施及配套建设。②各层级的功能定位明确。苏州市政府目标是成为亲商、服务、精简高效的政府，苏州高新区管委会的定位是以开发建设为主、精简高效、服务型政府，苏州高新集团的定位是成为高新区综合开发商，业务涵盖房地产开发、基础设施建设、物流、环保、旅游、高科技等，其上市企业苏州高新股份公司的定位是城市化综合服务商。这种各司其职又相互协同的运营模式共同造就了苏州高新区的繁荣，不断吸引国际著名跨国公司以及国际知名物流公司的入驻。

政府主导模式是目前中国各级地方政府最常使用的产业园区运作模式，也是中国目前产业地产市场的主要载体，在中国产业地产的发展过程中起到了积极的作用。这种模式的优越性在于政策、财政等政府资源支持，运营主体比较明确，不存在责任不清的问题，可以从长远的角度进行城市规划；不足之处在于缺乏市场竞争，运营方式过于单一。此外，由于该模式很大程度上受到政府的影响，需要顺应当地政府的政策倾向，包括产业新城的产业类型，土地出让和规划等，企业在获取土地资源方面才可以得到政府的支持和优惠政策，在财政税收、人才引进、投融资政策等方面也才有可能获得政府的扶持。

第二节　市场主导模式

与政府主导模式不同，市场主导模式则凸显以产业地产商、实体产业企业为代表的市场主体在产业新城的开发运营中扮演着更为重要的角色。其中，产业地产商模式是指“房地产开发商获取工业用地，负责道路、绿化等基础设施建设以及研发、厂房、仓库等房产项目的营建，然后以租赁、转让或合资、合作经营的方式管理和经营项目，从而获取合理的地产开发利润”；而实体产业企业主导模式是指“具有强大综合实力的企业营建开发一个相对独立的产业园区，企业入驻产业园区并且占据主导地位，借助其在行业内的影响力，通过土地出让、项目租售等方式引入其他企业的聚集，实现整个产业链的打造及完善”。

一、市场主导模式概况

市场主导型开发模式通常采用以企业为主体，政府提供优惠政策为辅的开发方式。在这种模式下，政府主要为城市发展制定一定规则，提供土地以及一些政策方面的支持，营造良好的环境，新城运营等其他的事情交给实力雄厚的企业。

市场主导模式中，企业的主导作用主要体现在：①实力雄厚的投资企业成为城市运营商，拥有新城政府的一部分职能，对其运营进行全面统筹和全局规划，以市场化手段推进城市发展。②城市运营商对区域进行空间布局的规划（如区域的总体规划和控制性详细规划）。③城市运营商拥有选择投融资方式（如应收账款质押、土地抵押融资、上市、信托等）的自主选择权。④基础设施建设由城市运营商来完成，所需资金可以通过土地出让等收益来弥补平衡。⑤城市运营商主导土地运营，具体包括土地整理、公共设施建设以及配套设施建设、土地出让等。政府的作用主要体现在：①制定城市发展目标。②政策引导，把控城市的发展方向。③监督与管理，避免城市运营商过于考虑短期利益带来的短视行为。

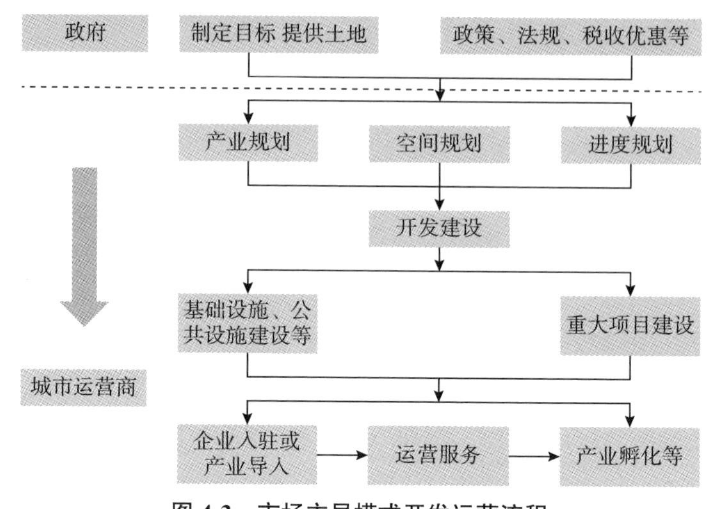

图 4-3 市场主导模式开发运营流程

资料来源：中国指数研究院综合整理。

产业地产商主导模式可概括为地产商获取工业用地之后，对项目进行基础设施建设，同时介入到产业新城的开发、建设、管理等各个环节，通过龙头企业招商带动产业链上下游产业集聚，并通过科技孵化等服务实现产业新城的创新发展。这种模式下企业也实现了从产业地产商向产业运营商的转变。亿达中国的大连软件园、美国尔湾新城等均属于这种类型。

实体产业企业主导模式（部分文献称为大企业主导模式）是指在全产业或者某个细分产业链环节领域具有较强综合实力（如融资能力、市场开发能力、规范化管理能力等）的企业开发、入驻并引入其他企业并打造完善产业链的产业新城发展模式。早在 19 世纪中后期，美国和欧洲的许多大公司为了提高工人的生产力，在公司附近就近解决住宿问题，建成了许多公司城（镇），比较著名的有：美国的 Pullman 镇（美国火车车厢大王在芝加哥南部建设）、英国的 Port Sunlight 镇（利华兄弟肥皂厂在利物浦附近建设）等。现代的典型案例包括：电商巨头京东建立的京东云智慧产业园，新加坡裕廊集团旗下的子公司腾飞集团（Ascendas Group）建立的新加坡科学园，美国普洛斯集团（Prologis）在全球建立的遍及中国、日本、美国和巴西的

117个城市的1081个物流产业园。此外，许多制造业企业如TCL地产、格力地产、美的集团、中兴集团（中兴产业基地）、海尔集团（海尔产业园）、苏宁置业、长虹置业等依托自身的制造业基础建造为企业自身服务的产业园区都属于此类。

从严格意义上来说，实体产业企业主导并不是单纯的房地产开发，而是围绕主体企业进行的开发运作，是企业打造及完善产业链的典型园区。经营这一园区的企业需要具有强大的综合实力和经济后盾，往往是规模较大的工业制造业集团专门成立地产公司对园区进行运营，园区同时为工业发展提供各项服务。

与政府主导模式相比，市场主导模式在市场竞争机制的使用等方面拥有较大的优势。实力雄厚的企业拥有城市政府的一部分职能，成为城市运营商，对产业新城进行全面的统筹和规划，用市场化的手段推动产业新城发展。目前来看，市场主导的产业新城运作模式的优势在于受市场机制的影响，思路比较灵活，但是该模式削弱了政府对城市建设的主导权，容易导致城市空间的无序扩展和规模的不确定性，另外如果政府支持力度下降，产业新城运营会面临一定的挑战和困难。

二、市场主导模式的案例分析

1. 产业地产商模式：亿达中国产业园

以1998年的大连产业园为起点，亿达中国定位为商务园区运营商，首开“官助民办”科技产业新城之先河。在早期的开发中，亿达中国坚持以持有物业、产业运营为中心，采取物业定制，长期租赁的经营模式。在北京等一线城市，亿达主要聚焦两条业务线：一是工改办、商改办项目；二是科技园、写字楼等项目。对于商务园的运营，亿达则主要采取“主力店入驻带动集群式发展”的策略，即以世界500强和国内500强的入驻，带动上下游中小企业的纷至沓来，为园区带来稳定的现金流和租金收入。亿达目前采用“361”

模式，即30%的产业，60%的住宅，10%的商业，通过出售占据总量60%的住宅产品，快速回笼资金，从而获得后期产业、商业开发的现金流。

一直坚持深耕大连软件园的亿达中国，近年来也开始了国内的扩张之路。早在2012年，亿达集团联手武汉东湖新技术开发区管委会，与湖北联投共同签署了“武汉软件新城”项目的战略合作协议。2018年2月，亿达·郑州软件园项目正式落户郑州高新区，重点引进软件信息服务、新一代信息技术、智能制造等产业，增强郑州高新区智慧产业集群优势及创新能力。

2. 实体产业企业主导模式：京东云产业园

作为国内最大的电商之一，京东集团以京东云为载体，搭建互联网生态园区平台，推动产业园区进入物联网时代。京东在全国范围内布局产业园区，据不完全统计，京东已在全国拥有土地9285亩，结合自身优势和特色，投资建设“互联网+”产业园。此类园区主要依托京东强大的电商资源和服务能力，从基础技术到上层应用全面升级园区信息化程度，实现了信息流、资金流和物流等运营服务能力的有效提升。园区采用线上招商模式，支持招商引资业务全面开展，提供招商引资效率和业务流程的规范化。京东运用大数据平台，对企业、个人和园区的数据进行统一处理、存储、建模及挖掘，更加精准、高效地提供园区的运营报表（企业、个人、收入、成本、盈利）和经济指标（园区总体电商运营情况、GMV、收入、产值、税后、就业情况），实时反馈园区的运营情况。

京东云产业园区的盈利主要来自于三大板块：一是企业端的资金沉淀、自有服务和服务抽成，二是服务商的资金沉淀、收入抽成和营销服务收入，三是用户端的个人金融、园区自营服务和O2O服务抽成等。以京东特色馆（产业B2B平台）为突破点、电商产业园区为产业平台，京东云产业园通过搭建社会化物流服务平台，带动地区产业升级转型。

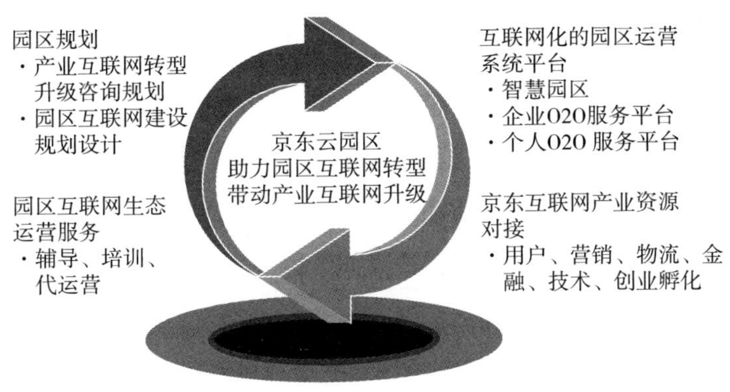

图 4-4　京东云产业园服务范围

资料来源：京东云，中国指数研究院综合整理。

第三节　政府—市场协作模式

政府与企业之间资源的不对等，政府拥有土地，缺乏资金及开发运营经验，企业拥有资金以及开发经验，却缺少土地；而产业新城开发项目一般具有建设规模较大和涉及经营范围较广的特点，既要求在土地、税收等政策上的有力支持，也需要在投资方面能跟上开发建设的步伐，还要求具备工业项目的经营运作能力的保证。因此，对政府主导模式和市场主导模式进行混合运用的模式应运而生，即政府—市场主导的综合运作模式，华夏幸福与地方政府合作的 PPP 模式可以看作是此种类型的典型代表。

政府—市场主导型开发模式兼有政府主导型和市场主导型开发模式两者的优点。一般而言，此种模式政府拥有部分或者全部股权，由企业法人进行商业经营，自负盈亏，公司的董事会成员由政府委任。其资金来源主要是由政府财政拨款，其出口信贷、银团贷款或者发行债券，因此其经营能够得到政府提供的特别优惠的条件与保证，可以享受一般公司无法享有的经营特权。其优点主要包括：①可以避免市场的无序竞争。②政府可以充分发挥调控手段，反映其规划意图。③可以充分发挥企业的自主经营能力，有利于城市新区的高水平开发。随着市场化运作机制的建立和现代法律法规的完善，政府与企业间“利益共享、风险共担、全程合作”的PPP模式渐成趋势。

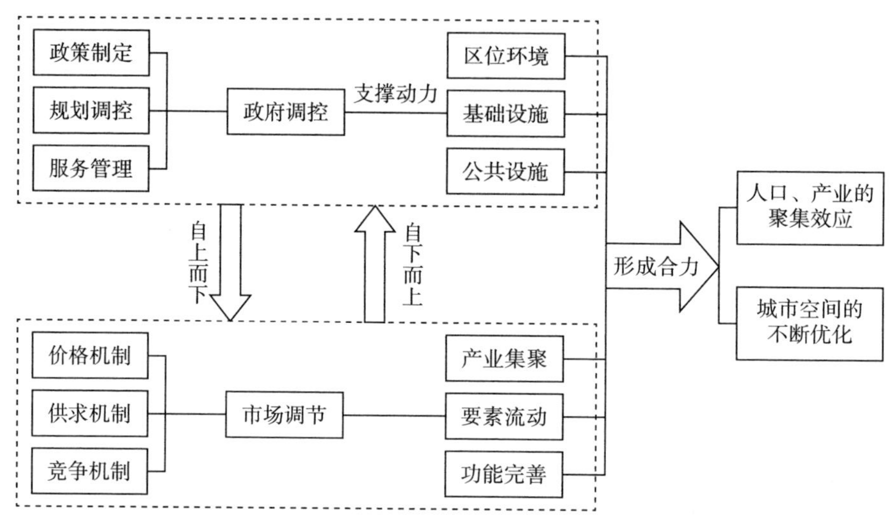

图 4-5 政府—市场主导开发模式

资料来源：中国指数研究院整理。

政府—市场共同主导的产业新城开发模式的优势在于政企双方都有利益契合点，可以调动参与积极性，合作方式比较灵活多变；不过这种模式也面临一定不足，如运营主体不明确，双方的责任和利益划分存在不清楚的风险；运营成本和收入计算的难度会有所增加。

政府—市场协作模式分为开发合作和产权合作两大类。开发合作指的是政府与企业在开发项目上联合起来共同开发建设。政府拥有土地管理的权力，而企业拥有资金以及市场化的运作经验。产权合作大致可以分为两种类型：一是政府组建项目公司，与其他企业合作成立合资公司；二是政府出土地，以土地入股，企业出资金合资成立项目公司，由政府与企业共同管理项目公司进行城市运营。

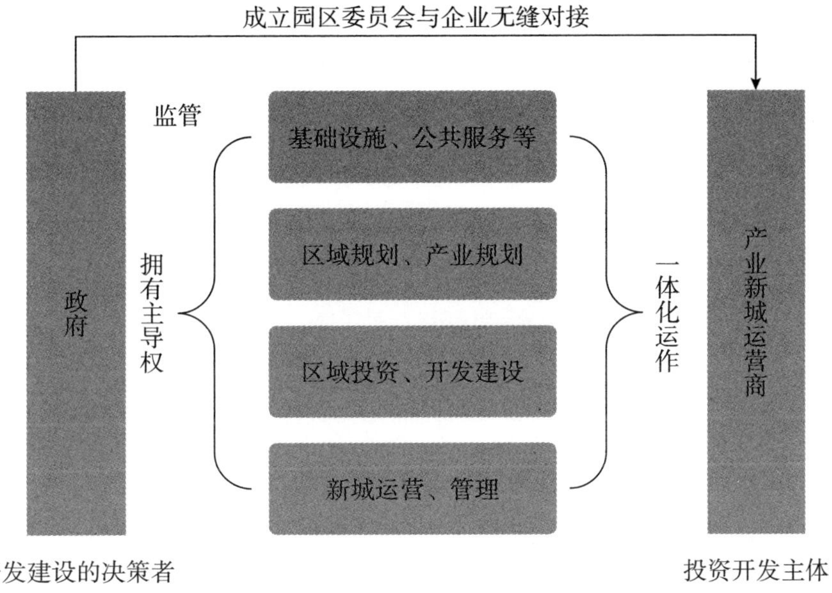

图 4-6　政府—企业合作模式关系图

资料来源：中国指数研究院综合整理。

在政企联合管理模式下，政府和企业共同负责新城的运营管理。目前，政企联合运营管理模式主要是政府委派成立新城管委会，对新城内的相关行政事务进行管理，发挥管委会的政府服务功能；企业成立相应的管理公司，负责产业新城的基础设施建设、招商引资、社会服务管理等。华夏幸福在国内率先采用政府和社会资本合作（PPP）模式与地方政府就产业新城开发项目形成合作，为政府与企业合作开展 PPP 模式运营、管理产业新城提供了优秀范例。

PPP（Public-Private-Partnership）市场化运作机制是指政府建立起“利益共享、风险共担、全程合作”的共同体关系，使合作各方达到共赢。华夏幸福的 PPP 模式以“政府主导、企业运作、合作共赢”为原则，将平等、契约、诚信、共赢等合作理念融入产业新城的协作开发和建设运营之中，地方政府与企业各司其职，政府是园区开发建设的决策者，拥有产业规划、土地管理等方面的主导权，对基础设施、公共服务价格、质量实施监管，并设立园区管委会，负责与华夏幸福进行相关事务的对接。华夏幸福作为投资开发主体，成立特设公司（SPV），负责园区的设计—投资—建设—运营—服务一体化运作。在园区开发建设过程中，政府与社会资本做到无缝对接，成为真正的战略合作伙伴。在土地整理投资、基础设施建设、公共设施建设、产业招商服务、城市运营维护服务等方面与地方政府进行全面合作，共同决策、共同推进、紧密协作、优势互补，在资源获取及收益结算方面具有独创性、领先性和可复制性。

“独木难成林”，产业新城的规划、开发、建设、运营、管理是一个系统性工程，往往需要政府、企业等多方参与，参与主体在合作中博弈，在博弈中开展合作，最终实现互利共赢、长远发展。因此，新时代产业新城的开发运营对于如何处理政企关系提出了新的要求。研究国内外的产业新城发展模式背后的逻辑，可以发现，三种产业新城的发展模式各有其优缺点，而那些运作比较成功的产业新城案例，往往与地方政府坚守契约精神，企业坚持长远利益的思路、勇于开拓创新的思维是分不开的。

表 4-1　　三类产业新城发展模式的主要特点

	政府主导模式	市场主导模式	政府—市场协作模式
投资主体	政府及国有投资公司	企业及其他多元化市场投资主体	政府与企业成立合资公司作为投资运作主体或政府土地入股，企业成立投资公司
国家及地区分布	日本、韩国、中国台湾地区、中国的经济开发区	美国、英国、中国部分产业园	欧洲、印度、中国部分产业园
代表园区	日本筑波科技城、韩国大德科技园、台湾新竹科技园、北京经济技术开发区	美国硅谷、美国尔湾生态新城、英国剑桥城	韩国松岛新城、英国道克兰商务新城、印度班加罗尔科技园、中国固安产业新城
管理部门	上级政府领导小组 + 新城政府	新城开发公司	新城政府 + 城市运营商（新城建设开发公司）
管理方式	行政命令	市场调节	行政命令 + 市场调节

续表

	政府主导模式	市场主导模式	政府—市场协作模式
管理战略	政府多层面管理	企业化经营管理	政府宏观控制，企业具体运营和管理
优势	整体性强，容易协调，产业园核心功能、产业运营和产业资源上具有得天独厚的优势，并拥有丰富管理经验	结构精简，高效灵活、管理效率更高，面对激烈的市场竞争，更能够洞察客户需求，更加有效满足入园企业需求，市场化手段促进产业新城发展	综合了政府主导型与市场主导型的优点，充分发挥企业在招商、运营等方面的优势，实现优势互补
劣势	缺乏多层次协调机制，成本较高，政府机构、国有化背景往往预示着其市场化运作不足，在产业引导中行政意识较强，在效率、创意意识和创新能力上有待提高，城市功能难以适应产业快速发展的要求	宏观把控能力不是很足；产业运营和产业资源上不具有先天优势；政府对城市建设的主导权弱，容易导致城市空间的无序扩展和规模的不确定性	政府越位或者缺位，政府和企业之间的利益协调机制可能出现矛盾

来源：中国指数研究院综合整理。

政府主导的新城建设优势在于规划目标明确，便于全面统筹规划，有利于形成优势的产业集群，其不足之处在于行政力量可能会对新城新区的发展形成制约。另外，政府也可能面临开发资金不足、市场研判失误等问题。市场主导的产业新城开发模式，其优势在于比较符合市场规律，能充分觉察并满足市场需求，便于建立良好的产业体系，其缺点体现为市场力量的自发性、无序性和逐利性，缺乏统一的规划和开发机制，土地集约节约利用难以保证。政府与市场协作有制度上的优势，综合了政府主导型与市场主导型的优点，可以充分发挥政府在政策、监管等方面以及企业在招商、运营等方面的优势。

目前，我国中央政府和各地方政府均加大了采用 PPP 模式进行公共基础设施领域开发的推进力度，PPP 模式的应用不仅有利于减轻财政负担，合理分配风险，提高公共服务的质量和效率，还有利于政企分开、政事分开，加快政府职能转变。随着相关政策环境的进一步优化，未来政企协作模式将会大范围推广。

不同模式存在差异，因此，政府、企业在选取产业新城发展模式时需要综合考虑三种模式的利弊，结合自身资金实力、资源等各个方面，充分发挥自身优势，合理规划布局，以期实现产业新城的健康可持续发展。

第二篇

产业新城运营理论及实践

本篇从产业新城的产业发展、城市建设两个评价维度出发，阐述产业新城运营理论，重点探讨如何运营产业新城，最终形成“产城融合”格局。同时，结合当前产业新城融资发展趋势，探讨了运营商融资问题。最后本篇对产业新城的未来发展趋势进行了展望。

第五章 产业新城的灵魂——产业发展

产业新城发展过程中，产业的定位与规划、招商、产业链构建、产业集群打造、产业创新、运营及服务等多个环节层层相扣，是产业新城的灵魂。优秀的产业新城自有一套完整的产业生态系统，而没有产业支撑的新城难免沦为空城、卧城。由于产业的发展需要技术（硬支撑）、人才（软实力）、创新（动力）、资金（基础），因此产业新城的产业功能打造是一项系统性的工程，需要从定位、招商、产业链整合、运营服务、融资等各环节发力，方能实现园区产业的良性循环。而产业新城在新旧产业更替以及产业链调整的大趋势下，选择合理的主导产业，把握中国未来产业发展方向将更有利于产业新城的定位及招商。因此，在本章研究中，我们将研究范围进行扩展，除包含产业新城外，亦包含产业园区，通过对其产业定位、产业招商、产业培育与创新各个环节的探讨，并结合国家产业政策的导向，明确产业新城的未来发展之路。

第一节 产业定位的核心逻辑

产业运营的第一步在于产业定位——根据地方资源禀赋进行适应化的产业定位与规划。在此基础上才能组建团队，通过各种举措招商和导入企业，引入企业的数量与质量则是新城项目能够实现产业发展的重要基础。本部分从前期产业定位能力进行分析。

产业定位是产业运营的首要问题，对于产业新城项目而言，前期的产业定位是产业能否成功发展的关键。完成产业定位更有利于项目在后期招商、空间载体设计与建设时有的放矢，同时有利于后续的配套设施和服务平台的有效搭建。

产业定位应当科学、明确、精准，要契合当地的资源禀赋、产业基础、城市规划、人力资源等，同时符合产业发展趋势，如低碳、环保、节能、可持续等。这也要求产业定位不可固化，需适时根据城市的外在条件、政策导向做出调整。

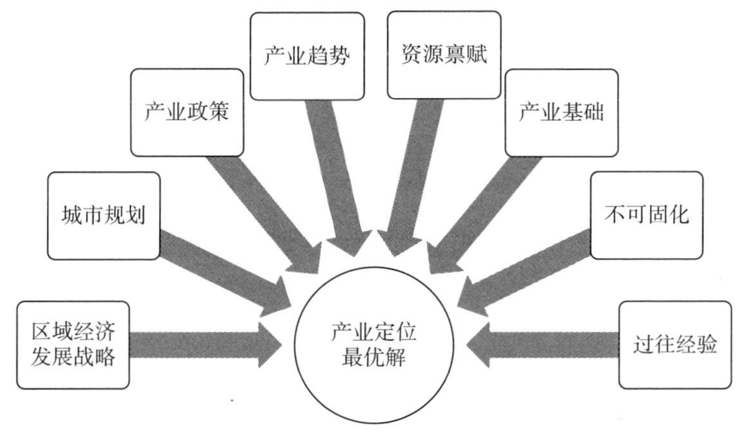

图 5-1　产业定位考虑的主要因素

资料来源：中国指数研究院综合整理。

产业新城项目在规划之初需要有较为明确的产业定位，运营主体在前期需要对区域经济发展战略、城市规划、产业政策与趋势、产业基础、人力情况、资源禀赋、地方政策等方面进行综合深入研究，并结合自身的产业资源、过往经验，选定最适宜的主导产业以及支撑产业，在此基础上形成符合自身发展的产业链，并不断完善上下游企业间的构成关系。

结合我们的长期调研发现，国内众多产业新城的产业定位其实并不明确，同质化现象严重，产业定位出现雷同。更有少数项目产业定位随波逐流，与区域环境脱节，产业定位出现偏差，这也导致其后续招商时陷入被动局面。目前，只有极少数运营主体具备专业级的定位能力，其他运营主体多借助第三方专业机构完成产业定位。那些具备独立产业定位能力的运营主体，如华夏幸福、招商蛇口等，在外部形势、政策规划发生变化之时能更为快速的做出定位调整，将新城的产业发展导入正轨。

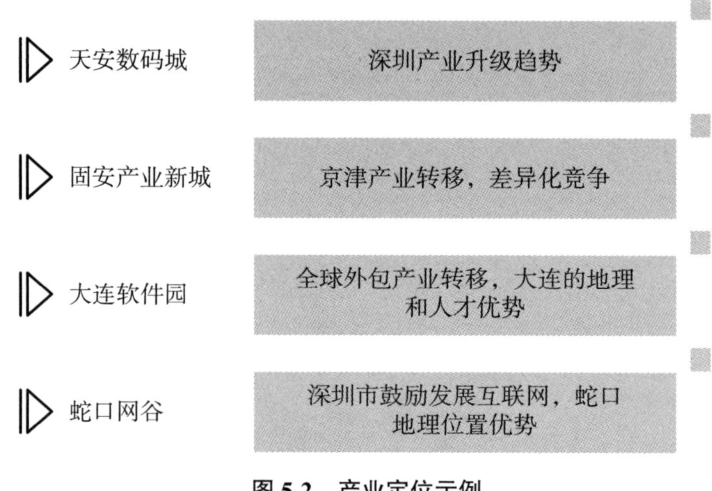

图 5-2 产业定位示例

资料来源：中国指数研究院综合整理。

深圳天安数码城的产业多定位于高新技术产业，且产业定位随着形势变化而主动调整，其打造的福田天安数码城就是最好例证。天安数码城的主导产业定位随着中国改革开放的形势发展和深圳产业定位的变化不断升级。20 世纪 90 年代初成立之初针对的是传统加工制造业，之后历经 90 年代末的“中小民营科技产业园区”和 2003 ～ 2010 年的“泛科技园区”，直至 2010 年后发展成为针对通信设备、计算机软硬件服务等产业的“城市产业综合体”。

华夏幸福在产业定位时，会聘请国内外知名的第三方机构进行详细的产业规划研究，而且在成立产业研究院之后，旗下有大量的高学历专业人才和产业研究人员，自身的产业研究和规划能力也在不断地进阶。以固安产业新城为例，项目在 2002 年起步时就已聘请罗兰贝格、DPZ 等 9 个国家 40 多位规划大师对开发区进行规划设计，主要定位于传统的制造业，但 2011

年之后，北京和天津的产业转移加快，华夏幸福及时调整固安产业新城的产业定位，引进了生物医药、航天科技、装备制造等新兴产业，不断加快产业升级调整。又如，华夏幸福在实现嘉善区域产业定位时，根据嘉善区域“全球创新城市，宜游魅力水乡”的发展愿景以及“全球科技创新成果转化中心”的城市定位，在该区域聚焦信息经济和智能制造两大产业，构建集互联网经济、文化创意、生产性服务业、智能制造等主题于一体的创新产业链，并通过产业链延伸和发展，形成现代服务业集群。华发城市运营在定位之初，瞄准了会展特色行业在市场上的明显空缺，结合珠海在粤港澳大湾区中承担枢纽中心的战略优势，实现了“展览—会议—商务—贸易—旅游”等产业协同，既将珠海打造成为珠江口西岸核心会展城市，又逐步辐射带动珠江口西岸区域蓬勃发展，形成会展经济圈。

上世纪末，国际产业转移浪潮涌动。日本的软件企业有大量的外包业务需要转移到成本较低的地区，而与之临近的大连恰恰具备了承接这些外包业务的客观条件。大连软件园在发展之初牢牢把握住了国际上产业分工的趋势，抓住了日本软件外包产业转移的机遇，既借助了地理优势，又符合大连本市的语言人才优势和气候条件，产业定位精准巧妙。蛇口网谷项目也是招商蛇口在蛇口片区进行“腾笼换鸟”的有益尝试，先前的蛇口片区为工业厂房，大多出租给电子厂、铝厂等传统工业企业，企业技术含量以及工业附加值低。对于寸土寸金的深圳来说是极大的浪费，而且随着劳动力成本的不断攀升，传统制造业生存空间成为极大的问题，蛇口片区迫切面临产业转型升级难题。在定位之初，招商蛇口就瞄准了深圳市大力发展互联网的契机，再结合自身毗邻港澳和前海深港合作区，确定了移动互联网、电子商务、物联网三大产业方向。良好的产业定位有助于发挥自身优势，围绕产业的主导产品以及上下游产品进行招商，形成产业集聚，实现产业新城的稳步发展。

第二节 产业新城的招商模式

在前期定位明确之后，吸引企业入驻成为产业新城发展的重中之重。在全国园区遍地开花、同质性严重的情况下，产业招商的杀手锏作用更为凸显。影响产业招商水平的重要指标包括引入企业的数量、质量、签约投资额、企业入驻率等，接下来将重点分析产业新城运营商如何实现专业化招商以及招商制胜的个性化环节。

一、产业新城招商步骤

产业新城的招商是一个长期过程，应当制定系统、可行的招商策略，关键环节包括：明确产业规划与定位、制定招商目标、出台招商政策、制定营销价格、营销推广、持续跟进招商服务。

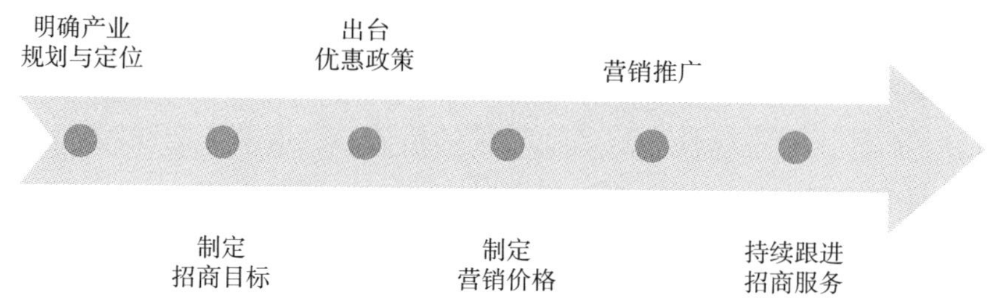

图 5-3 产业新城招商主要步骤

资料来源：中国指数研究院综合整理。

我们系统梳理了各主要步骤中的关键环节和重要考量因素，以供读者参考。

表 5-1 产业新城运营商招商重要考量因素

步骤	关键环节
明确产业规划与定位	规划及定位要科学明确：考虑产业新城所处区域位置、区域经济发展情况、资源禀赋、政策支持、物流及产业配套等因素
制定招商目标	招商目标要科学合理：产业新城发展目标、行业企业分布构成、产业链结构及核心企业等因素

续表

步骤	关键环节
出台优惠政策	优惠政策要完善：税收、土地价格、奖励金、生产生活和办公用房的补贴、人才户口及子女教育等因素
确定营销价格	营销价格要合理定价：考虑产业新城所在区域的城区租金价格、产业配套、基础配套及产业成熟度等因素
营销推广	营销推广要准确表述：明确产业新城的独特优势和卖点、营销媒介的选取、营销媒介的监测与评估等因素
持续跟进招商服务	招商服务要持续跟进：及时了解客户的问题及意愿、重点客户重点跟进、一企一策等要素

资料来源：中国指数研究院综合整理。

二、招商制胜的个性化环节

随着产业招商竞争逐步加剧，一些优秀产业新城项目围绕区域发展战略利好与区位优势进行系统科学研究，依托自身的产业优势及服务体系，实现更加专业化、精准化的招商。未来，形成符合新城特色的专业化、全链条、高质量的招商模式将成为产业新城运营商制胜的关键因素。

1. 依托公共资源集成与整合能力招商

良好的公共资源整合能力能够有效提升运营商的运营及服务效率。一个有着良好资源整合能力的运营商往往实力不俗，依托自身独特优势，整合企业、协会、媒体与政府等多方资源，营造良好的发展氛围，为企业提供全链条服务，成为吸引优质企业入驻的关键因素。

例如，张江高科经历了上市20年以来的经营发展历程，在物理空间、产业集群、产业投资、金融资源、资本市场和公共资源六大方面形成了独特的优势，利于对优质资源的吸引和集聚。在公共资源的集成与整合方面，企业与园区管委会、各行业协会、公共媒体都保持着很好的合作关系，具有把资源导入后进行整合，再标准化输出的能力，有利于营造园区创新创业氛围、提升创新服务能级、吸引优质企业。对于重点产业布局客户，张江高科加强定制化招商力度，并在方案阶段进行客户政策、空间及环境的精准对接，实现资源的有效匹配。

2. 实现产业链招商

产业链招商是指围绕一个产业的主导产品及与之配套的原材料、辅料、零部件和包装件等产品来吸引投资，谋求共同发展，形成倍增效应，进而增强产品、企业、产业乃至整个地区综合竞争力的一种招商方式。培育龙头企业是发展产业链招商的关键所在。

与传统的招商方式相比，产业链招商以更长远、深入的产业链打造为目标，基于产业链的需求，选定主导产业，寻找和弥补产业链的薄弱环节，进而构建产业链、打造产业集群，有目的、有针对性地进行招商。其中，选定并导入主导产业（龙头企业、核心企业）是关键。

产业链招商的发展目标是提高招商效率、减少招商的盲目性，优化产业新城的产业结构、促进产业转型升级，更好集聚产业、形成产业集群，优化综合发展环境。从未来发展趋势来看，产业新城的招商将由重数量转向重质量，由重招商活动、轻产业链整合转变为招商及产业链整合并重。围绕产业链进行招商，将成为发展趋势，这也对运营商的产业研究能力、资源整合能力提出了要求。

3. 制定个性化优惠政策

优惠政策关系到企业的利润空间，是企业入驻产业新城的重要考量因素。在产业招商竞争日益加剧的背景下，除传统的租金减免、子女入学等“普惠政策”外，针对具有强大品牌及实力的企业，制定“一企一策”式的个性化优惠招商政策，成为企业招商制胜的关键因素。

例如，华夏幸福形成了包括产业研究、全球招商、选址服务、圈层营销、资本驱动、产业载体、政策及企业服务等八大产业服务体系。以八大服务为核心的招商模式同时也是华夏幸福产业促进综合竞争能力的体现。在各区域招商实际工作中，华夏幸福根据所在区域产业发展阶段，尤其是目标客户的个性化需求，制定行之有效的综合招商解决方案，以专业能力帮助企业解决其在选址、发展过程中所关注的问题和困难，消除痛点，建立信任，推动企业落户。从具体运作机制来看，华夏幸福旗下专门设立了负责产业促进的产业发展集团，旗下包含“全球招商中心”和汇集各行业资深研究人员的产业研究院，招商人员均是各个行业的实战人士，对产业有着专业深刻的理解，密切跟踪各类对口企业的投资动态，并积累成横跨多个行业的企业客户数据库。

4. 产业招商要发挥国家或区域规划战略优势

一个地区如果纳入国家或区域发展战略，意味着该地区将得到系统长远的规划与一系列政策支持，带动产业资源、人流、商流、信息流的集聚。好的政策、投资及发展环境，关系到入驻企业的发展机会和利润空间。

从国家发展战略来看，李克强总理在 2017 年政府工作报告中指出，我国将围绕着推进“三大战略”和“四大板块”发展，不断优化区域发展格局。同时，近年来国家不断出台规划及政策推进“一带一路”建设，促进沿线国家及区域发展。

从区域发展来看，我国未来将加快城市群建设发展，打造京津冀、长三角、珠三角世界级城市群，在全国范围内共打造 19 个城市群。可以预见，在国家规划层面，城市群的发展也将进入加速期。三大战略的叠加区域也将是未来发展最具潜力的区域，其中京津冀本身就是三大战略之一，发展潜力突出，长三角、长江中游以及成渝城市群分布在长江经济带沿线，是东中西部产业转移的最主要横向通道，而长三角以及珠三角地区都是 21 世纪海上丝绸之路核心区，承担着海上对外开放以及创新升级的使命。

我们的调查研究发现，一些优秀运营商紧随国家战略及城市群发展机遇，产业新城项目区域布局越发明晰，纷纷将目光锁定京津冀、长江经济带、珠三角地区内具备产业发展优势的重点城市，实力雄厚的企业开始谋求在

“一带一路”沿线国家和地区开启国际化战略布局。而位于这些区域的产业新城项目，可以凭借国家发展战略以及区域发展利好，吸引优质企业。

从当前来看，具有上述区位优势的产业新城项目在招商引资的过程中确实具有很大优势，但从长远发展趋势来看，随着产业新城项目布局越发集中于以上区域，准确明晰的项目定位、个性化的优惠政策、完善而具有特色的配套与服务将成为运营商招商引资的制胜关键。

5. 产业招商更需要有完善的城市配套做支撑

城市建设是产业新城的重要部分，通常包含：住宅配套、商业配套、社区配套和文化配套设施。完善的或是独具特色的配套设施能够形成项目自身亮点，达到招商引资、吸引人才的良好效果。

住宅配套设施包含别墅、花园洋房、高层住宅等；商业配套设施包含商业街、银行、购物中心、住宅底商、餐饮饭店、咖啡馆、超市与便利店、健身中心等；社区配套设施包括幼儿园、中小学等教育资源以及医院、邮局、社区活动中心等；文化配套设施包括文化馆、科技馆、展览馆、琴茶室、图书馆、书店、剧院、影院、公园等。

从我们的调研中发现，优秀产业新城或园区项目的城市建设能力正不断提升，一些优秀项目通过提升住宅品质，进一步规划或开发建设满足人才精神层面需求的配套设施，提升项目特色及竞争力，获得了较好的招商效果。

三、搭建数据信息平台，让招商信息流动起来

在信息时代背景下，数据及信息在企业战略发展、资源整合方面发挥着越来越重要的作用。除了依靠专业招商人员之外，产业新城运营商正在构建全新的招商模式，应用数据信息搭建招商平台，整合各方招商资源，实现专业化、精准化招商，让招商信息“流动”起来可以迅速有效提升招商能力。

清控科创	启迪协信	北科建
· 易招商平台 · 包括企业项目库、高效产学研项目库、专家资源库、产业研究成果库、会议论坛库、政策信息库	· 企业资源库 · 包括启迪自己投资的企业、园区孵化的企业或者清华的企业，进行异地复制	· 商研院 · 负责产业研究、规划研究、服装研究、招商网络建设

图 5-4　典型产业新城项目招商信息平台建设情况

资料来源：中国指数研究院综合整理。

随着产业园区数量的增多，企业异地扩张需求的增加，产业招商的信息平台建设日益迫切。清控科创打造的“易招商”平台已成为国内较知名的网络招商平台，该平台充分利用互联网，提供企业投资选址、并购、融资方面的信息，招商人员可在其企业项目库和产学研项目库查找有效的招商信息，更高效的与意向企业实现对接，招商信息实现共享与流转，大大提高了招商效率，为行业招商提供新思路。例如，启迪协信依靠搭建的“企业资源库”，融合了数千家企业资源，包括启迪自己投资的企业、园区孵化的企业或者清华系的企业。依托该“企业资源库”可实现招商产业异地快速复制，总部在招商中主要负责前期的资源整合和协商工作，地方招商部帮助企业落地。

整体来看，目前多数产业新城项目在招商过程中仍然存在“只招不择”，片面追求招商入驻率，而不控制入驻企业质量的现象，而且很多项目招商模式还停留在“点对点”式，招商效率较低。这种招商体系不健全、营销渠道少、营销平台缺失的问题都制约了招商能力。放眼未来，产业招商应该更加精细化，为了达成这种精细度，有两个方向是值得努力的：一是客户的精准定位，在确立产业之后，明确目标客户的类型，建立产业项目信息库，进行定向式招商；二是招商运作系统化，围绕产业招商构建全方位的服务能力，细化产业项目招商的流程和规范，使整个招商工作更具系统性和有序性。

在我国经济结构持续调整的背景下，传统产业将持续收缩，新兴产业面临更广的发展机遇，不同产业形态以及产业链也将继续演变和调整，产业新城的功能定位及招商将向更深层次、更多元化的方向发展。未来，优秀产业新城运营商通过引入行业龙头企业实现上下游产业链的纵向延伸，通过围绕聚集于产业链条上关系密切的企业，实现产业的横向拓展，加快产业结构调整，完善服务、增强运营能力，逐步形成自身优势及特色，进行专业化、精准化招商将成为趋势。

第三节　产业培育与创新路径

随着城市经济与产业的发展，国内产业新城已经从过去依赖产业政策发展到通过提升运营效率来增强园区价值的新阶段。在这一过程中，通过营造培育产业发展的良好氛围、加速实现产业创新，正承担着越来越重要的作用。整体来看，产业培育可分为产业集群的打造和平台服务的提供，通过打造产业集群，构建特色产业服务体系、丰富并完善服务内容，实现产业培育及发展，本节将围绕产业培育，探讨产业新城发展的核心环节——运营。此外，产业创新也已成为产业发展的核心，其主要包含两个方面：一方面是园区内企业创新要素的投入，据此提升入驻企业的创新能力；另一方面是运营商自身的创新发展，通过自建、引入或并购孵化器等打造良好的创新氛围，并积极提供创新服务、引入创新资源，实现产业创新发展，本节重点立足于第二个维度，探讨产业新城运营商在创新方面的做法。

一、产业集群打造，实现产业协同发展的关键

产业集群指集中于一定区域内特定产业的众多具有分工合作关系的不同规模等级的企业，及与其发展相关的各种机构、组织等行为主体，在空

间上形成具有关联性、互补性和竞争优势的产业群体。产业集群经常向下延伸至销售渠道和客户，并侧面扩展到辅助性产品的制造商，以及与技术或投入相关的产业公司。产业集群通过借助内部联系网络，可以有效推动当地区域经济迅速发展。通过培育地方产业集群，可以使本地生产系统的内力以及外部的资源进行有效融合，提升区域竞争力。而产业链是各个产业部门之间基于一定的技术经济关联，并依据特定的逻辑关系和时空布局关系客观形成的链条式关联关系形态。其主要是基于各个地区客观存在的区域差异，着眼发挥区域比较优势，借助区域市场协调地区间专业化分工和多维性需求的矛盾，以产业合作作为实现形式和内容的区域合作载体。产业链的本质是用于描述一个具有某种内在联系的企业群结构。产业链中大量存在着上下游关系和相互价值的交换，上游环节向下游环节输送产品或服务，下游环节向上游环节反馈信息。

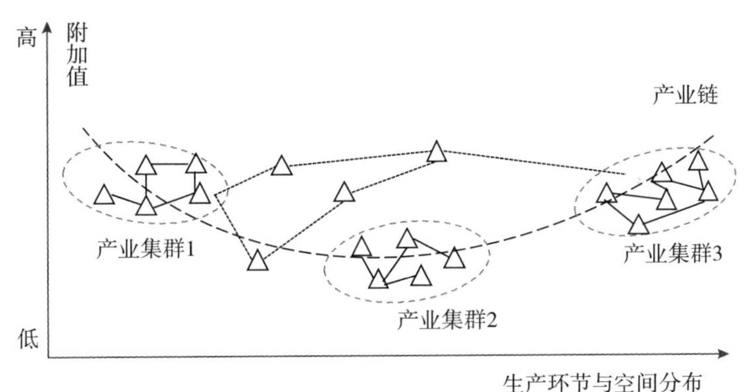

图 5-5 产业集群与产业链耦合模型

资料来源：中国指数研究院综合整理。

产业集群与产业链具有耦合效应。迈克尔·波特曾指出，一个国家或地区在国际上具有竞争优势的关键是产业的竞争优势，而产业的竞争优势则来源于彼此相关的产业集群。产业新城前期合理、明确的规划定位是实现产业集群打造的重要先决条件。产业集群与产业链具有耦合效应，二者“和而不同”，产业链关注各链环的上下游关系，这种关联关系是组成产业集群最为重要的功能单元；产业集群关注的是企业分布的空间位置和集聚程度，是组建和延伸产业链的空间载体。

因此，产业集群的构建是保持产业新城综合运营效率、实现产业协同发展的关键，而产业新城前期是否有明确的产业定位和功能定位，是能否构建高效产业链条的重要基础。在运营过程中，如何将同类企业以及产业链条上关联密切的企业在园区聚集，培育和发展富有效率的专业化企业集群，并最终形成发展规模化、土地集约化、产业配套系列化的园区，是产业新城未来提升经济和社会效应的关键。

当然，产业链条的完善并非一朝一夕，需要补足产业研究功课，有意识、有目的地进行产业干预。根据我们的调查，就目前的情况来看，多数产业新城项目产业集聚程度仍然偏低。但部分发展迅速的产业园区在产业定位之初就有意识培养产业集群，招商的同时进行择商，在积极引入龙头企业、培育中小企业和引入创新资源之后，产业集群已初具规模。

例如，华夏幸福坚持“一个产业园就是一个产业集群”的理念，积极在全球范围内整合资源，因地制宜、因势利导为所在区域打造科技含量高、示范带动强的高端产业集群。公司目前正打造新型显示、智能制造等多个工业总产值超过百亿的产业集群。2017 年，公司与美国 ATI、韩国安川都林等行业龙头企业开展深度战略合作，以龙头企业为引领，推动产业链上下游企业集聚，形成产业集群。

张江高科技园区已建立起以信息技术、生物医药、文化创意、低碳与新能源为主导产业，先进制造业、科技金融、医学服务、现代农业为拓展产业的“4+4”产业格局。其中，集成电路产业拥有中国大陆产业链最完整的集成电路布局；生物医药产业是中国研发机构最集中、研发链条最完善、创新活力最强、新药创制成果最突出的标志性区域。

上海临港集团在产业培育和科技创新方面呈现集群融合态势，如松江园区积极拓展 3D 打印产业，继续拓展生命健康领域，打造互联网医疗生态圈，已形成良好聚集效应。此外，还瞄准风口行业，布局 VR/AR 和智能制造 / 机器人两大新兴产业，形成区域产业特色。

通过实地调查与研究发现，产业新城运营商的产业链构建、产业集群打造意识正逐步增强，通过引入行业龙头企业，围绕产业上下游构建产业链，同时聚集产业链条上关系密切的企业，形成产业集群，释放产业链与产业集群的耦合效应。多数产业新城运营商表示，在当前产业竞争压力逐步增大的背景下，如何通过招商引资吸引龙头企业，实现产业链构建、产业集群打造，仍面临较大挑战。

二、丰富运营服务内容，植入互联网思维

1. 丰富的运营服务内容是有效提升园区综合发展水平的关键

目前国内园区林立，一定程度上已经进入园区存量时代，随着各地园区财政、税收和补贴政策差异渐消，发展已从过去的依赖政策优势，进阶到需要通过运营来增强园区价值能力的阶段。因此，如何构建高质的组织结构、整合各方资源、建立合理有效的配套服务体系，并由此提升目标产业入驻后的发展速度，才是未来产业发展竞争的“杀手锏”。只有当新城内产业的发展程度足够支撑起当地经济和就业时，才会带动片区土地价值升值，产业新城自身系统的产、人、商等要素才会形成循环，带来价值的最大化。

产业新城的运营包含物业管理、产业运营、商业配套服务及运营、住宅建设及配套服务等内容。本节主要聚焦于产业运营领域进行分析和探讨，产业运营通常包含创业孵化、公共服务平台搭建、园区公共关系建设，以及园区的自身发展。

产业新城涉及的公共服务内容丰富，包含空间载体、技术、金融、市场、人才、信息以及经营管理服务，每项服务对应多项具体工作。公共服务平台的建立对于加速入园企业发展、改善园区环境、树立园区品牌形象、更好地招商引资、培养园区运营人才，创建符合园区特色的运营模式具有

重要意义。

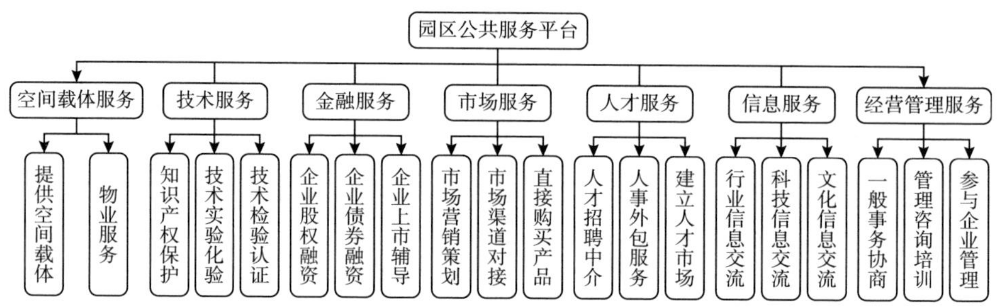

图 5-6　产业园区运营商主要服务内容及具体工作

资料来源：中国指数研究院综合整理。

目前，国内许多产业园区都制定了自身的服务清单，部分园区的清单甚至长达十几项。通过梳理，我们将目前行业提供的运营服务内容大致分为三类。

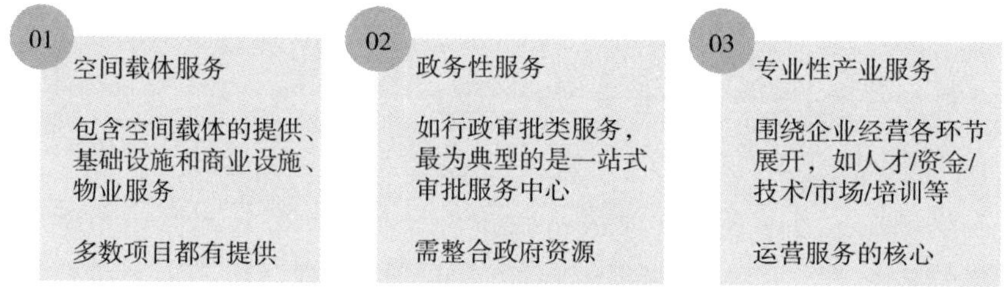

图 5-7　运营商服务内容划分

资料来源：中国指数研究院综合整理。

于产业新城运营商而言，运营及服务能力是其聚集优质资源、招商引资、持续发展过程中的关键环节。传统的诸如租金减免、工商税务相关业务代办等基础服务已无法更好地满足入驻企业的需求。从我们的调研中发现，一些优秀产业新城运营商正在增强轻资产运营能力，通过整合资源、构建服务体系、搭建服务平台、丰富并完善服务内容等，为企业提供包含基础服务和增值服务的多元化服务内容，实现“轻重并举”发展。

要更好地进行产业培育，就需要利用市场化思维进行产业服务的创新，保证自身的发展模式更为长远：在完善产业链之后，产业新城运营主体需要与园内企业保持实时信息沟通与共享，借助专业的产业发展人员，发掘企业的核心产业需求，并据此整合人力、资金、技术等各方有效资源，提供差异化产业服务，解决企业面临的各类问题，最终帮助企业做大做强。

亿达集团通过亿杰会平台聚集各行业高端企业家、投资人、经理人和行业专家，搭建信息交流、资源共享、对接需求的平台，打造了一个全国范围、多元跨界、共赢发展的产业生态圈。同时，持续保持与在园客户高级经理人点对点的紧密联系，深入了解客户发展状态及实际需求。启迪控股搭建创新创业生态系统网络，注重聚集各种科技创新资源，依托已经形成的科技园区和新型城镇化建设平台，金融资产管理平台，创新研究与咨询平台，以亚都科技、启迪桑德等为核心成员企业的实业运营管理平台，逐步形成了地产、金融、酒店、实业、教育、传媒等多位一体的业务架构，为创新企业和创业人才提供精准的产业链上下游商务对接服务，提供全方位创新服务。上海临港集团以建立“大服务平台”为战略导向，在提升园区服务品质的同时，致力于打造优质的园区服务系统，提供包括“人力资源服务、商务服务、双创服务、政务服务、协会服务”在内的五大综合服务，构建“科技、人才、信息、环境、能源、居住、生态”的服务体系，在此基础上，坚持为园区企业打造高品质的园区服务环境，提供特色化、系统化的产业配套服务。

表 5-2　　典型产业新城运营商为入园企业提供服务一览表

企业	项目	服务内容
天安数码城	深圳天安数码城	融资服务平台、公共服务平台、专业配套平台、商业配套平台、数字化服务平台等为核心的园区运营服务体系，目前正在升级建设 Space+ 智慧服务体系
亿达中国	大连软件园	为新入园企业提供外包业务 BOT 支持、咨询调研、业内资源共享、人才委托培训、企业项目实训、特殊人才招聘和推荐等多种服务模式和内容。策划举办国际性外包年会、建设企业经理人俱乐部等，搭建企业与企业、政府与企业、员工与员工之间的信息沟通平台

续表

企业	项目	服务内容
清控科创	科创慧谷	为企业提供融资、创业、技术、项目申报、产学研、人才、培训等方面服务。针对园内企业技术难题和科研项目，组织专家联合科研攻关，为企业提供新技术、新产品研发等技术支持与咨询支持。依托清华大学创新资源，提供高校、企业、科技园、社会资源信息共享平台
光谷联合	青岛光谷国际海洋信息港	园区能够提供八大运营服务平台，一站式人才平台、金融服务平台、创业孵化平台、商务服务平台、公共技术平台、跨界交流平台、生活服务平台、基础服务平台
北科建	无锡中关村科技创新园	除传统政策咨询、法律咨询、工商服务等基本中介服务外，重点围绕企业发展的政、产、学、研、金、介、贸、媒等八个核心要素提供服务，目前已初步搭建了科技创新融资平台、人才培训平台和产权交易平台，并将进一步搭建公共技术平台、政策平台、行业服务平台

资料来源：中国指数研究院综合整理。

2. 创新园区氛围，植入互联网思维，有效提升运营服务效率

结合当前“互联网 +”发展新趋势，进行产业服务的互联网化，创新园区发展氛围，优化运营服务流程，也是产业新城运营商提升运营服务效率的有效途径。

以华夏幸福、华南城、天安数码城、亿达中国、清控科创等为例，“产业思维”和“互联网思维”已成为企业改革创新的重点。2017 年 4 月，华夏幸福与华为正式签署战略合作协议，共同推动华夏幸福产业新城中智慧城市、智慧园区、智慧社区等业务的发展，并将以“智慧大厂”项目作为切入点，实现产业新城向智慧城市的迈进。2014 年，腾讯入股华南城后，共同开展 O2O 商业模式，多元化业务也促进了华南城商贸流通与服务收入；2016 年，华南城与京东签订战略合作协议，双方拟围绕国家“互联网 +”战略，确定建立 B2B 及其他领域的长期、全面的合作关系，实现优势资源共享。天安数码城是国内较早提出运营服务的运营主体，提供端到端的服务，持续增强产业服务能力，运营服务体系不断升级。早期的时候，天安数码城提出

了打造服务平台体系，但随着区域经济的转型，天安数码城的运营体系正在发生新变化，例如，天安数码城联合华为进行战略合作，共建智慧园区，搭建 Space+ 智慧园区运营体系，通过线上系统打通线下的各种服务需求，包括政务、物业、办公、网络、人才、金融等，未来的服务将更多围绕创新创业展开。亿达中国是国内率先开展客户增值服务创新的产业园区之一，提出了为客户"提供综合业务解决方案"的服务理念，建设了国内选址、提供外包业务 BOT 支持、咨询调研、业内资源共享、人才委托培训、企业项目实训、人才招聘及培养等一系列产业支撑体系，其核心优势在于将产业内涵烙印在服务中，围绕园内企业关心的人才、业务拓展等方面，积极提供解决方案，增强了客户黏性。利用这种优势，亿达中国已经开始运营管理服务的输出。

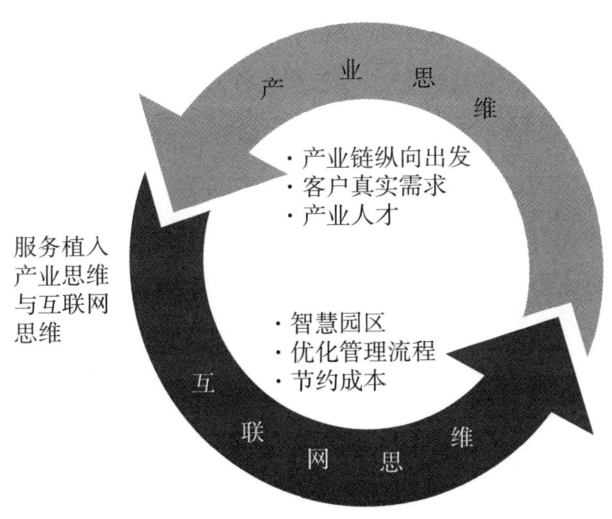

图 5-8　互联网与产业培育的结合

资料来源：中国指数研究院综合整理。

未来，产业服务中产业思维和互联网思维的植入和相互糅合是大势所趋。传统的基础服务已无法更好满足招商引资需求以及入驻企业的需要，未来，针对不同入驻企业需求及特点，提供包含基础服务和增值服务的多元化服务体系与内容，帮助入驻企业实现快速发展，将成为趋势。产业思维下，运营真正从产业链的纵向出发，深入企业从设计到生产的全过程服务。而产业思维则需要专业的产业人士提供，只有其才能深入了解企业的运作特点和真实需求，因而未来产业专才是园区运营的砥柱。要更好地进行产业培育，就需要在更大程度上重视产业人才在这方面的积极作用。互联网思维下，通过搭建互联网平台来缩减人员成本、优化运营服务流程、打造立体化供需双方信息港，产业新城在虚实的结合上有更多的领域值得突破。

三、营造创新氛围，促进产业创新发展

产业新城或园区的产业创新发展包含两个层次：一是园内企业的创新要素投入，据此衡量入驻企业的创新能力；另一个是园区运营商自身的创新发展，通过自建、引入或并购孵化器等打造良好的创新氛围，通过提供创新服务、引入创新资源，实现产业创新发展。第二个层面直接关系到运营商的产业运营，本部分将聚焦于第二个层面进行分析。

中国经济正在进行产业升级和结构转变，过往依靠牺牲环境和廉价劳动力的粗放发展方式不可再现。在我国经济结构转型升级、产业结构不断优化调整的背景下，产业创新已成为产业发展的核心，国家经济未来十年的核心发展动能将变成创新，唯有紧抓创新源头，对接新技术，新城及园区才有可能具备核心竞争力。

2017 年，中共中央、国务院印发了《国家创新驱动发展战略纲要》，提出创新驱动发展已是大势所趋。产业新城作为承接创新生态的重要载体，优秀运营商纷纷自建孵化器、并购孵化管理公司或引入优质孵化器，培育孵化企业；而另一些运营商产业发展创新能力不足，尚未涉足孵化相关业务。具备创新动能的产业新城，竞争力和可持续发展性更强，对新城的产业支撑作用更为突出，这种支撑不仅指产值贡献，还包含就业人员的层次和收入提高，也利于相应的商业设施、住宅等配套更加有效运作，加速新城内

生系统的循环。可见，科技创新链条和产业生态圈的打造将是产业新城运营的重点。

张江高科以自建孵化器为切入点，整合孵化资源，产业创新能力不断提升。张江高科的产业创新发展能力领先优势明显。2008 年，张江高科设立孵化器管理中心，以建立企业孵化器为切入点，整合张江园区现有的孵化资源，推广全新的孵化经营模式，发展形成“预孵化器 + 孵化器 + 加速器”三位一体的全程孵化体系。拥有孵化空间近 10 万平方米，在孵企业 2000 余家，平台服务项目 180 多个，覆盖人工智能、物联网、生命科学等诸多前沿领域，平台内企业共获得融资近 5 亿元。对于入驻孵化器和加速器的企业，张江高科给予更多的政策支持，譬如已经实行的“双千计划”，使得创业者的居住成本、创业办公成本月均只需 1000 元左右。园区产业创新发展显著，2016 年，园区内发明专利申请量达 4510 件，发明专利授权量 2855 件。

华夏幸福持续升级孵化创新服务，为产业创新发展营造良好氛围。华夏幸福孵化创新正在不断升级，一方面，加快推进与清华大学等科研院所的“产学研”合作模式，搭建“创新研发、项目孵化、技术转移、支撑服务”四位一体的产学研合作平台，形成创新驱动力，促进科研成果的孵化与转化。另一方面，2015 年中，企业与太库科技创业发展有限公司联手，共建产业创新发展模式，提升孵化器运营及 B2B 创新服务能力；2015 年末，公司收购苏州火炬创新创业孵化管理有限公司，提升产业创新及培育孵化的服务能力。截至 2016 年末，火炬孵化旗下火炬孵化创客邦孵化器已在全国 30 余个城市布局，不断增强产业发展核心竞争力。2016 年，华夏幸福采用资本融合的方式，投资控股深圳市伙伴产业服务有限公司，战略投资深圳市城市空间规划建筑设计公司，同时与美国康威国际建立长期战略合作伙伴关系，以进一步嫁接国内外产业资源、导入产业要素，实现全球视野的产业招商与发展服务。此外，华夏幸福与世界 500 强、行业龙头企业开展深度战略合作，以龙头企业为引领推动产业链上下游企业集群集聚，企业现已形成强有力的竞争壁垒，围绕创新驱动、孵化驱动和龙头驱动增强产业创新驱动力。

2016 年 8 月，腾讯众创空间入驻苏州工业园区，依托腾讯的核心资源，为创业者提供接入平台、能力平台和众包平台三大核心功能；2016 年末，中电光谷已在全国 7 个城市布局 13 个创客星站点；启迪协信打造启迪之星孵化器，以“孵化 + 投资”的模式，为入驻企业提供“孵化服务 + 创业培训 + 天使投资 + 开放平台”四位一体的孵化服务，在全国已建立 60 余个孵化基地，孵化面积超 20 万平方米。通过自建、并购或引入孵化器进行产业创新孵化，成为运营商产业创新发展的重要方向。

当前，我国产业新城运营商在产业发展方面有如下突出特点：①一些初涉该领域的运营商正在思考自身产业定位、拓展招商渠道、探索产业运营服务的经验及做法。②优秀产业新城运营商通过构建具有自身优势的产业服务体系，逐步打通从前期定位、产业载体建设、产业链构建、产业集群打造到产业运营服务的整个链条，为产业新城所在区域产业升级、经济发展提供综合解决方案。③我国产业新城发展整体处于起步阶段，即便是优秀运营商，在产业发展方面仍存在诸多不足。未来，通过系统的产业研究实现项目准确定位并打造产业集群，通过专业化、精准化的招商模式高效集聚产业资源，并通过搭建服务平台、构建产业服务体系，为入驻企业提供多元化、特色化服务将成为发展方向。

第四节　产业发展方向与趋势

产业新城在新旧产业迭代、更替以及新旧产业链重构、调整的大趋势下，正完成产业转型升级、调整或扩张。具体到产业新城项目，主导产业的选择关系到产业链构建、产业集群打造。因此，选择合理的主导产业，把握中国未来产业发展方向利于更好实现定位及招商。本节通过分析探讨主导产业选择时的考量因素，结合国家着力加快建设实体经济、科技创新、现代金融、人力资源协同发展的产业体系，围绕“中国制造2025”、国家战略性新兴产业发展规划这类具有前瞻性、指导性的纲领性文件，探讨中国以及部分重点城市未来产业发展规划与方向。

一、主导产业的选择有哪些考量因素

主导产业，是在区域经济中起主导作用的产业，是指那些产值占有一定比重，采用了先进技术、增长率高、产业关联度强，对其他产业和整个区域经济发展有较强带动作用的产业。从量的方面来看，是在国民生产总值或国民收入中占有较大比重或者将来有可能占有较大比重的产业；从质的方面看，是在整个国民经济中占有举足轻重的地位，能够对经济增长的速度与质量产生决定性影响，其较小的发展变化足以带动其他产业和区域经济的变化，从而引起经济高速增长的产业。主导产业转换是产业结构升级的关键，它是经济增长与发展的主要动力来源，是推动产业结构升级的最直接、最重要的力量。

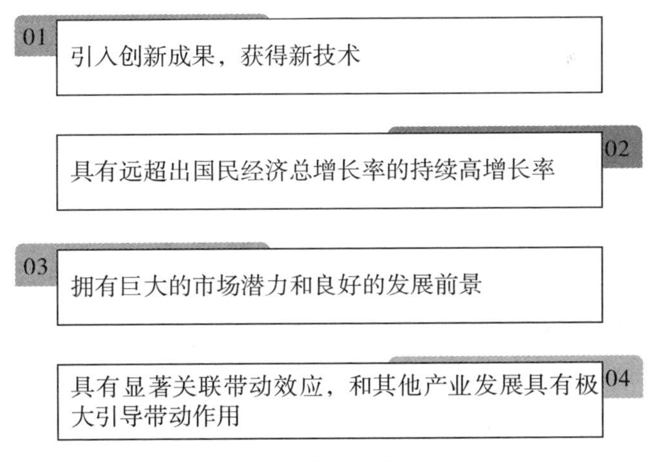

图5-9　主导产业特征

资料来源：中国指数研究院综合整理。

图示中四方面特征是一个有机整体，只有同时满足才能称之为主导产业。

从一个国家或是区域的视角来看，主导产业的选择主要有以下标准：①需求潜力大。主导产业的产品应在国内和国际市场具有较大量、长期、稳定的需求。②技术进步快且适应性强。主导产业的选择必须特别重视技术进步的作用，所选择的主导部门应当能够集中地体现技术进步的主要方向和发展趋势。③部门带动性强。主导产业的选择必须充分考虑它对相关产业的带动作用，它应具有较大的前、后向联系和影响，通过这种关联产生对一系列部门的带动与推进作用，并使这些部门派生出对其他部门的进一步促进作用，从而产生经济发展中的连锁反应和加速反应。④就业效果好。主导产业应具有强大的劳动力吸纳能力，能创造大量就业机会。⑤符合国家、区域及城市产业长远发展规划。主导产业的选择应与区域及城市国家产业发展趋势与规划相符，符合其发展趋势。

从产业新城项目的视角来看，主导产业的选择是产业链构建中的关键环节，更是招商的核心，进行选择时除需考虑上述因素外，还应结合项目规划及定位、所在区域资源、特质、政策支持及未来发展方向，以及自身产业资源、运营经验、项目发展构想等进行综合考量。特别是国家的产业政策导向，对于产业培育与成长至关重要；基于此，我们从“中国制造 2025”产业方向、国家战略性新兴产业方向、重点城市十三五产业导向进行了梳理，以期为广大产业新城运营商在规划产业方向时提供参考。

二、把握“中国制造2025”产业发展方向

制造业是国民经济的重要支柱和基础。在全球制造业格局面临重大调整、中国经济发展环境发生重大变化的大环境下，中国建设制造强国的任务艰巨而紧迫。“中国制造 2025”，对于推动中国制造由大变强，使中国制造包含更多中国创造因素，更多依靠中国装备、依托中国品牌，促进经济保持中高速增长、向中高端水平迈进，具有重要意义。

《中国制造 2025》提出将“市场主导，政府引导”作为基本原则之一。充分发挥市场在资源配置中的决定性作用，强化企业主体地位，激发企业

活力和创造力。积极转变政府职能，加强战略研究和规划引导，完善相关支持政策，为企业发展创造良好环境。这也为产业新城的市场化运作带来机遇。

《中国制造 2025》提出了通过“三步走”实现制造强国的战略目标：第一步，到 2025 年迈入制造强国行列；第二步，到 2035 年中国制造业整体达到世界制造强国阵营中等水平；第三步，到新中国成立一百年时，综合实力进入世界制造强国前列。制造业主要领域具有创新引领能力和明显竞争优势，建成全球领先的技术体系和产业体系。从下表制造业主要指标可以看出，未来制造业的发展将更加注重创新能力、质量效益、两化融合、绿色发展。

《中国制造 2025》明确了将新一代信息技术产业、高档数控机床和机器人、航空航天装备、海洋工程装备及高技术船舶、先进轨道交通装备、节能与新能源汽车、电力装备、农机装备、新材料、生物医药及高性能医疗器械等十大重点领域成为改革着力点。

表 5-3　“中国制造 2025”十大重点领域及发展方向

十大领域	发展内容及方向
新一代信息技术产业	集成电路及专用装备。提升集成电路设计水平，丰富知识产权（IP）核和设计工具，突破关系国家信息与网络安全及电子整机产业发展的核心通用芯片，提升国产芯片的应用适配能力。掌握高密度封装及三维（3D）微组装技术，提升封装产业和测试的自主发展能力。形成关键制造装备供货能力
	信息通信设备。掌握新型计算、高速互联、先进存储、体系化安全保障等核心技术，突破第五代移动通信（5G）技术、核心路由交换技术、超高速大容量智能光传输技术、“未来网络”核心技术和体系架构，积极推动量子计算、神经网络等发展。研发高端服务器、大容量存储、新型路由交换、新型智能终端、新一代基站、网络安全等设备，推动核心信息通信设备体系化发展与规模化应用
	操作系统及工业软件。开发安全领域操作系统等工业基础软件。突破智能设计与仿真及其工具、制造物联与服务、工业大数据处理等高端工业软件核心技术，开发自主可控的高端工业平台软件和重点领域应用软件，建立完善工业软件集成标准与安全测评体系。推进自主工业软件体系化发展和产业化应用

续表

十大领域	发展内容及方向
高档数控机床和机器人	高档数控机床。开发一批精密、高速、高效、柔性数控机床与基础制造装备及集成制造系统。加快高档数控机床、增材制造等前沿技术和装备的研发。以提升可靠性、精度保持性为重点，开发高档数控系统、伺服电机、轴承、光栅等主要功能部件及关键应用软件，加快实现产业化。加强用户工艺验证能力建设
	机器人。围绕汽车、机械、电子、危险品制造、国防军工、化工、轻工等工业机器人、特种机器人，以及医疗健康、家庭服务、教育娱乐等服务机器人应用需求，积极研发新产品，促进机器人标准化、模块化发展，扩大市场应用。突破机器人本体、减速器、伺服电机、控制器、传感器与驱动器等关键零部件及系统集成设计制造等技术瓶颈
航空航天装备	航空装备。加快大型飞机研制，适时启动宽体客机研制，鼓励国际合作研制重型直升机；推进干支线飞机、直升机、无人机和通用飞机产业化。突破高推重比、先进涡桨（轴）发动机及大涵道比涡扇发动机技术，建立发动机自主发展工业体系。开发先进机载设备及系统，形成自主完整的航空产业链
	航天装备。发展新一代运载火箭、重型运载器，提升进入空间能力。加快推进国家民用空间基础设施建设，发展新型卫星等空间平台与有效载荷、空天地宽带互联网系统，形成长期持续稳定的卫星遥感、通信、导航等空间信息服务能力。推动载人航天、月球探测工程，适度发展深空探测。推进航天技术转化与空间技术应用
海洋工程装备及高技术船舶	大力发展深海探测、资源开发利用、海上作业保障装备及其关键系统和专用设备。推动深海空间站、大型浮式结构物的开发和工程化。形成海洋工程装备综合试验、检测与鉴定能力，提高海洋开发利用水平。突破豪华邮轮设计建造技术，全面提升液化天然气船等高技术船舶国际竞争力，掌握重点配套设备集成化、智能化、模块化设计制造核心技术
先进轨道交通装备	加快新材料、新技术和新工艺的应用，重点突破体系化安全保障、节能环保、数字化智能化网络化技术，研制先进可靠适用的产品和轻量化、模块化、谱系化产品。研发新一代绿色智能、高速重载轨道交通装备系统，围绕系统全寿命周期，向用户提供整体解决方案，建立世界领先的现代轨道交通产业体系
节能与新能源汽车	继续支持电动汽车、燃料电池汽车发展，掌握汽车低碳化、信息化、智能化核心技术，提升动力电池、驱动电机、高效内燃机、先进变速器、轻量化材料、智能控制等核心技术的工程化和产业化能力，形成从关键零部件到整车的完整工业体系和创新体系，推动自主品牌节能与新能源汽车同国际先进水平接轨

续表

十大领域	发展内容及方向
电力装备	推动大型高效超净排放煤电机组产业化和示范应用，进一步提高超大容量水电机组、核电机组、重型燃气轮机制造水平。推进新能源和可再生能源装备、先进储能装置、智能电网用输变电及用户端设备发展。突破大功率电力电子器件、高温超导材料等关键元器件和材料的制造及应用技术，形成产业化能力
农机装备	重点发展粮、棉、油、糖等大宗粮食和战略性经济作物育、耕、种、管、收、运、贮等主要生产过程使用的先进农机装备，加快发展大型拖拉机及其复式作业机具、大型高效联合收割机等高端农业装备及关键核心零部件。提高农机装备信息收集、智能决策和精准作业能力，推进形成面向农业生产的信息化整体解决方案
新材料	以特种金属功能材料、高性能结构材料、功能性高分子材料、特种无机非金属材料和先进复合材料为发展重点，加快研发先进熔炼、凝固成型、气相沉积、型材加工、高效合成等新材料制备关键技术和装备，加强基础研究和体系建设，突破产业化制备瓶颈。积极发展军民共用特种新材料，加快技术双向转移转化，促进新材料产业军民融合发展。高度关注颠覆性新材料对传统材料的影响，做好超导材料、纳米材料、石墨烯、生物基材料等战略前沿材料提前布局和研制。加快基础材料升级换代
生物医药及高性能医疗器械	发展针对重大疾病的化学药、中药、生物技术药物新产品，重点包括新机制和新靶点化学药、抗体药物、抗体偶联药物、全新结构蛋白及多肽药物、新型疫苗、临床优势突出的创新中药及个性化治疗药物。提高医疗器械的创新能力和产业化水平，重点发展影像设备、医用机器人等高性能诊疗设备，全降解血管支架等高值医用耗材，可穿戴、远程诊疗等移动医疗产品。实现生物 3D 打印、诱导多能干细胞等新技术的突破和应用

资料来源：中国指数研究院综合整理。

2017 年 2 月，《中国制造 2025》“1+X”规划体系发布，旨在为细化落实《中国制造 2025》，突破制造业发展瓶颈和短板，抢占未来竞争制高点。其中，“1”是指《中国制造 2025》，“X”是指 11 个配套实施指南、行动指南和发展规划指南，包括国家制造业创新中心建设、工业强基、智能制造、绿色制造、高端装备创新等 5 大工程实施指南，发展服务型制造和装备制造业质量品牌 2 个专项行动指南，以及新材料、信息产业、医药工业和制造业人才 4 个发展规划指南。近年来，《中国制造 2025》取得了初步实施成效，但与发达国家相比，中国制造业大而不强的特征还很明显，尤其是在工业基础、自主创新、绿色发展等方面还有较大提升空间。未来，我国继续加快建设制造强国，加快发展先进制造业，推动互联网、大数据、人工智能和实体经济深度融合，在中高端消费、创新引领、绿色低碳、共享经济、现代供应链、人力资本服务等领域培育新增长点、形成新动能，促进我国产业迈向全球价值链中高端，培育若干世界级先进制造业集群。于运营商而言，把握中国制造中的产业发展方向、加大产业创新投入与培育，对其产业定位规划、招商及后续运营均具有重要参考意义。

三、把握战略性新兴产业发展方向

战略性新兴产业是指建立在重大前沿科技突破的基础上，代表未来科技和产业发展新方向，体现当今世界知识经济、循环经济、低碳经济发展潮流，尚处于成长初期、发展潜力巨大，对经济社会具有全局带动和重大引领作用的产业。

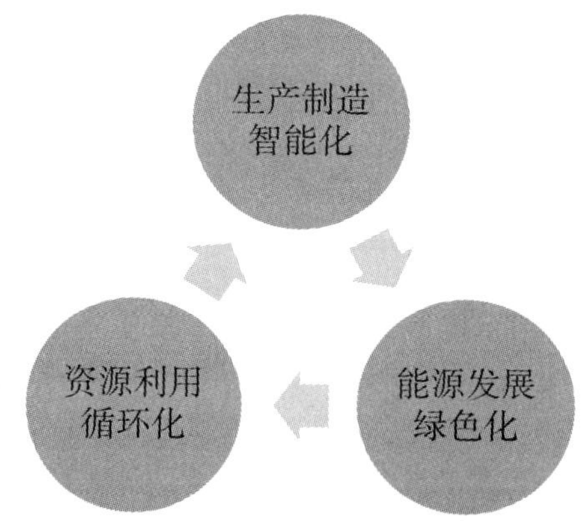

图 5-10　战略性新兴产业特征

资料来源：中国指数研究院综合整理。

战略性新兴产业是引导未来经济社会发展的重要力量，发展战略性新兴产业已成为世界主要国家抢占新一轮经济和科技发展制高点的重大战略。战略性新兴产业的快速增长填补了传统制造业的下滑空缺，正成为中国经济增长的新“引擎”。“十三五”时期，国家把战略性新兴产业摆在经济社会发展更加突出的位置。根据国家发展规划，到2030年，战略性新兴产业发展将成为推动我国经济持续健康发展的主导力量，中国成为世界战略性新兴产业重要的制造中心和创新中心，形成一批具有全球影响力和主导地位的创新型领军企业。

我们根据国务院印发的《国务院关于印发“十三五”国家战略性新兴产业发展规划的通知》，梳理出十三五时期中国战略性新兴产业发展规划及方向，以供读者参考。

表5-4　“十三五”国家战略性新兴产业目录及发展目标一览

国家战略性新兴产业目录	发展目标	措施
信息技术产业	构建网络强国基础设施	大力推进高速光纤网络建设；加快构建新一代无线宽带网；加快构建下一代广播电视网；统筹发展应用基础设施；加强国际合作。
	推进“互联网+”行动	深化互联网在生产领域的融合应用；拓展生活及公共服务领域的“互联网+”应用；促进“互联网+”新业态创新
	实施国家大数据战略	加快数据资源开放共享；发展大数据新应用新业态；强化大数据与网络信息安全保障
	做强信息技术核心产业	提升核心基础硬件供给能力；大力发展基础软件和高端信息技术服务；加快发展高端整机产品
	发展人工智能	加快人工智能支撑体系建设；推动人工智能技术在各领域应用
	完善网络经济管理方式	深化电信体制改革；加强相关法律法规建设

续表

国家战略性新兴产业目录	发展目标	措施
高端装备与新材料产业	打造智能制造高端品牌	大力发展智能制造系统；推动智能制造关键技术装备迈上新台阶；打造增材制造产业链
	实现航空产业新突破	加快航空发动机自主发展；推进民用飞机产业化；完善产业配套体系建设；发展航空运营新服务
	做大做强卫星及应用产业	加快卫星及应用基础设施建设；提升卫星性能和技术水平；推进卫星全面应用
	强化轨道交通装备领先地位	打造具有国际竞争力的轨道交通装备产业链；推进新型城市轨道交通装备研发及产业化；突破产业关键零部件及绿色智能化集成技术
	增强海洋工程装备国际竞争力	重点发展主力海洋工程装备；加快发展新型海洋工程装备；加强关键配套系统和设备研发及产业化
	提高新材料基础支撑能力	推动新材料产业提质增效；以应用为牵引构建新材料标准体系；促进特色资源新材料可持续发展；前瞻布局前沿新材料研发
生物产业	构建生物医药新体系	推动生物医药行业跨越升级；创新生物医药监管方式
	提升生物医学工程发展水平	发展智能化移动化新型医疗设备；开发高性能医疗设备与核心部件
	加速生物农业产业化发展	构建生物种业自主创新体系；开发一批新型农业生物制剂与重大产品
	推动生物制造规模化应用	不断提升生物制造产品经济性和规模化发展水平；建立生态安全、绿色低碳、循环发展的生物法工艺体系
	培育生物服务新业态	增强生物技术对消费者的专业化服务能力；提高生物技术服务对产业的支持水平
	创新生物能源发展模式	促进生物质能源清洁应用；推进先进生物液体燃料产业化

续表

国家战略性新兴产业目录	发展目标	措 施
新能源汽车、新能源和节能环保产业	实现新能源汽车规模应用	全面提升电动汽车整车品质与性能；建设具有全球竞争力的动力电池产业链；系统推进燃料电池汽车研发与产业化；加速构建规范便捷的基础设施体系
	推动新能源产业发展	推动核电安全高效发展；促进风电优质高效开发利用；推动太阳能多元化规模化发展；积极推动多种形式的新能源综合利用；大力发展“互联网 +”智慧能源；加快形成适应新能源高比例发展的制度环境
	大力发展高效节能产业	大力提升高效节能装备技术及应用水平；大力推进节能技术系统集成及示范应用；做大做强节能服务产业
	加快发展先进环保产业	提升污染防治技术装备能力；加强先进适用环保技术装备推广应用和集成创新；积极推广应用先进环保产品；提升环境综合服务能力
	深入推进资源循环利用	大力推动大宗固体废弃物和尾矿综合利用；促进“城市矿产”开发和低值废弃物利用；加强农林废弃物回收利用；积极开展新品种废弃物循环利用；大力推动海水资源综合利用；发展再制造产业；健全资源循环利用产业体系
数字创意产业	创新数字文化创意技术和装备	提升创作生产技术装备水平；增强传播服务技术装备水平
	丰富数字文化创意内容和形式	促进优秀文化资源创造性转化；鼓励创作当代数字创意内容精品
	提升创新设计水平	强化工业设计引领作用；提升人居环境设计水平
	推进相关产业融合发展	加快重点领域融合发展；推进数字创意生态体系建设

资料来源：中国指数研究院综合整理。

四、部分主要城市“十三五”产业发展方向

《国家新型城镇化规划（2014—2020 年）》提出要调整优化城市产业布局和结构，促进城市经济转型升级，改善营商环境，增强经济活力，扩大就业容量，把城市打造成为创业乐园和创新摇篮；根据城市资源环境承载能力、要素禀赋和比较优势，培育发展各具特色的城市产业体系；改造

提升传统产业，淘汰落后产能，壮大先进制造业和节能环保、新一代信息技术、生物、新能源、新材料、新能源汽车等战略性新兴产业。适应制造业转型升级要求，推动生产性服务业专业化、市场化、社会化发展，引导生产性服务业在中心城市、制造业密集区域集聚；适应居民消费需求多样化，提升生活性服务业水平，扩大服务供给，提高服务质量，推动特大城市和大城市形成以服务经济为主的产业结构。强化城市间专业化分工协作，增强中小城市产业承接能力，构建大中小城市和小城镇特色鲜明、优势互补的产业发展格局。支持资源枯竭城市发展接续替代产业。

于运营商而言，把握城市产业发展方向关系到前期定位招商以及未来的持续发展。在此，我们梳理了部分重点城市产业发展规划，供读者参考。

表 5-5　部分重点城市主导产业方向

区域	城市	支柱产业
长三角区域	杭州	信息、传输软件和信息技术服务业、电子商务、文创产业、旅游业、金融业
	南京	金融业、文化产业、旅游业、信息技术、智能电网、节能环保、高端装备制造、新能源
	苏州	电子、电气、钢铁、通用设备、化工、纺织、电子商务
	无锡	高档纺织及服装加工、精密机械及汽车配套零部件工业、电子信息及高档家电、特色冶金及金属制品业、精细化工及生物医药业
	宁波	纺织服装业、日用家电业、输变电设备制造业、机械工业、汽车配套产业、石化工业、铁工业、电力工业、造纸工业
	上海	金融业、批发和零售业、房地产业、工业（电子信息产品制造业、汽车制造业、成套设备制造业）
珠三角区域	深圳	高新技术产业、金融业、物流业、文化产业
	珠海	电子信息、生物医药、精密机械制造和电力能源
	广州	软件和信息服务业、金融业、汽车制造业、电子产品制造业和石油化工制造业
	东莞	电子信息制造业、电器机械制造业、纺织服装制造业、食品饮料制造业、造纸业
	佛山	家用电器产业、机械装备产业和材料产业
	福州	批发零售业、金融业、电子设备制造业、纺织业、皮革加工业

续表

区域	城市	支柱产业
珠三角区域	厦门	旅游业、电子产业、机械产业
	海口	旅游业、房地产业
	三亚	旅游业、房地产业、农业、金融业
环渤海区域	天津	航空航天、石油化工、装备制造、电子信息、生物医药、新能源新材料、国防科技、轻工纺织
	北京	文化创意产业、高技术产业、信息产业、生产性服务业
	石家庄	装备制造业、医药工业、食品工业、纺织服装业、石化工业、钢铁工业、建材工业
	青岛	家电、石化、服装、食品、机械装备、橡胶、汽车、轨道交通装备、船舶海工、电子信息、批发零售业
	济南	金融业、房地产业、软件和信息服务业、钢铁行业、石油石化业、电子信息行业、通用设备制造业、汽车制造业
	太原	服务业、高端装备制造、新能源、新材料、节能环保、食品药品
中部区域	武汉	电子信息、汽车、装备制造、建材、食品、石油化工、现代物流业、金融业、文化产业、商务服务业、钢铁、冶金、房地产
	长沙	电子信息、汽车、生物医药制造、烟草制品业、工程机械、新材料、食品
	南昌	电子信息、汽车、食品、生物医药、新材料、航空制造、纺织服装、新能源、机电制造
	郑州	电子信息工业、汽车及装备制造业、新材料产业、生物及医药产业、铝及铝精深加工产业、现代食品制造业、家居和品牌服装制造业
	合肥	汽车及零部件、装备制造、家用电器、食品及农副产品加工、平板显示及电子信息、光伏及新能源
西北区域	西安	批发零售业、金融业、装备制造业、汽车制造业、电子设备制造业、电气机械和器材制造
	西宁	有色金属冶炼和压延加工业，电力、热力生产和供应业，黑色金属冶炼和压延加工业，化学原料和化学制品制造业，医药制造业、光伏产业
	银川	化工、纺织、医药行业、煤炭、机械、有色行业
	兰州	批发零售业、租赁商务服务业、农副产品加工业、石化工业、电力工业、装备制造业
西南区域	成都	机械、冶金、石化、建材、电子信息、食品饮料及烟草、汽车和轻工
	重庆	汽车制造业、电子制造业、装备制造业、化工医药行业、新型材料行业、消费品行业、能源工业、现代服务业

续表

区域	城市	支柱产业
西南区域	贵阳	批发零售业、金融业、烟草业、装备制造业、食品业、磷煤化工
	南宁	建筑业、农副食品加工业、计算机通信和其他电子设备制造业、化学原料和化学制品制造业、非金属矿物制品业、电气机械和器材制造业、木材加工制造业
	昆明	旅游业、烟草制品业、化学原料及化学制品制造业、冶金工业、医药制造业、装备制造业、电力热力的生产和供应业
东北区域	沈阳	装备制造业、汽车及零部件、建筑产品、农副产品加工、化工产品制造业、钢铁及有色金属冶炼及压延业
	哈尔滨	金融业、装备制造业、食品工业（含烟草）、医药产业、石化产业
	长春	汽车制造、农产品加工、轨道客车制造、旅游业
	大连	旅游业、石油化工、装备制造，软件产业，金融业，商业

资料来源：中国指数研究院综合整理。

从各城市的主导产业方向可以看出，区域和城市间的不平衡造就了城市发展阶段和增长模式的差异，其中东部沿海发达的城市，正面临资源约束和国际产业转移新趋势的挑战，需要通过腾笼换鸟向服务型城市转变，通过创新提升城市空间价值。而中西部的大部分城市，仍处于工业化阶段，应大力发展具备自身优势的产业，以求经济取得快速发展，在产业转移大潮中赢得先机。城市作为人口、产业和空间构成的综合体，产业结构的升级与优化是带动区域人口聚集与城市空间重构的源动力。一个城市产业的变迁对城市的空间布局、用地结构、功能角色的转变均产生巨大影响。当前，中国城市间已经呈现出不同的产业选择与发展路径，随着区域协同发展战略的不断实施，城市间产业发展的差异将更加明显。因此，对于不同城市产业新城的发展需要结合当地产业发展方向进行定位与规划，以实现长远可持续发展。

第六章 产业新城的载体——城市建设

产业新城与传统产业园区的差别主要体现在城市建设方面，产业新城的本质是人们生活、生产的场所和空间，而不仅仅是带动经济发展的机器。因此在新城建设过程中，应在保证产业发展水平、实现经济增长目标的同时兼顾人的需求，优化提升居住和公共服务等城市功能，促进产城融合。产业新城的基础设施、公共配套、生活宜居性等都是产业新城在满足人们生活需求、提升居民生活水平过程中的具体体现。本章将围绕城市规划、基础设施建设、公共配套、人口聚集以及生活宜居方面进行具体阐述。

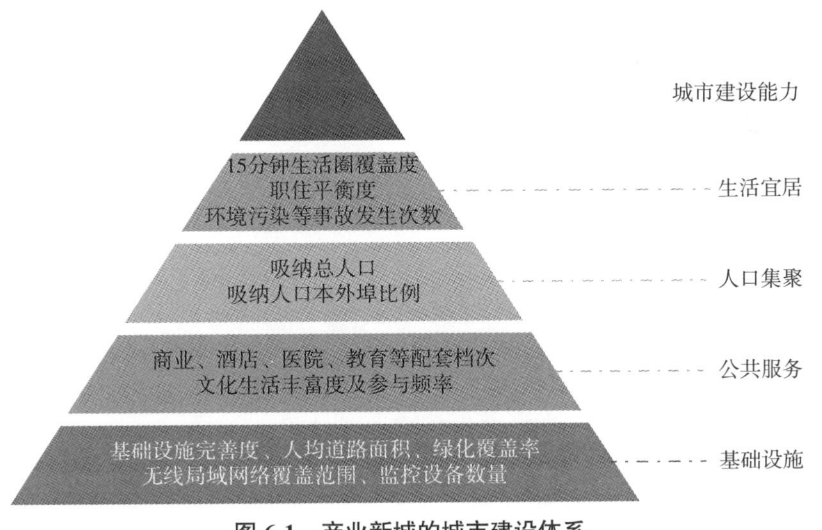

图 6-1 产业新城的城市建设体系

资料来源：中国指数研究院综合整理。

第一节　城市规划保障功能平衡

产业新城作为人们生产和生活的场所，在建设过程中应立足新城长远布局，充分考虑外部环境以及自身发展现状，合理规划，这样有助于充分发挥新城的城市功能和生活功能，推动其健康稳定发展。

一、产业新城发展中的城市建设现状

产业集聚区或工业园区的发展是以土地、能源、环境等资源的大量消耗为基础的，在经济利益驱使下，集聚区粗放的空间扩张模式仍较为普遍。但随着规模的不断扩大也带来了诸多问题：一方面，随着国内产业结构快速升级，产业发展对土地资源的需求也逐渐加大，而粗放式的土地利用，导致用地指标日趋紧迫，严重限制了产业的发展，不利于城市经济的可持续发展；另一方面，基础设施、公共服务等生活要素滞后于产业发展，造成城市功能滞后、产强城弱等诸多问题，从业人员不得不通勤于主城区和园区之间，交通拥堵、通勤时间长的同时使新城新区缺少人气，进一步制约园区城市功能的发展。根据城市经营理论，以地方政府为主导的多元经营主体根据城市功能对城市环境的要求，运用市场经济手段，对以公共资源为主体的各种可经营资源进行资本化的市场运作，以实现这些资源资本在容量、结构、秩序和功能上的最大化与最优化，从而实现城市建设投入和产出的良性循环、城市功能的提升及促进城市社会、经济、环境的可持续发展。因此，仅由产业功能主导的新区新城模式已经不符合现阶段经济和社会发展的需要，产业新城中城市的建设与经营也是需要考量的重要方面，兼顾产业功能和城市功能的产业新城模式进入全速发展时期。

二、城市规划要有前瞻性

由于新城开发建设的重点是解决城市问题，因此城市建设和发展的首要考虑因素是城市及各板块区域的规划。城市规划是指根据城市的地理环

境、人文条件、经济发展状况等客观条件制定适宜城市的整体发展计划，从而协调城市各方面发展，并进一步对城市的空间布局、土地利用、基础设施建设等进行综合部署和统筹安排的一项具有战略性和综合性的工作。城市规划的核心是：新城各个区域有机组合，改变原来的单中心市区、人口高密集的城市空间结构，在更大的地理区域范围内形成多中心的城市空间组成结构。因此，新城需要立足全局确定位置布局、工业发展和人口分布规划措施，从而使新城有序发展成一个城市整体。

城市的规模也是决定一个新城项目的重要方面。新城规模是指新城自身的人口规模以及用地规模，建设密度是指在一个区域的范围内新城的数量。关于新城规模，在城市合理规模的研究中，提出应根据经济规模、人口增长趋势来决策是否扩展一个已有的城市还是新建一个城市。根据霍华德“社会城市”观点，小而全的城市更可取。这是由于早期开发的新城以住宅为主要作用来缓解中心城市用地的紧张情况，新城只提供居民生活最基本的服务设施，城市规模很小，一般只有一万到几万人。这时的新城在就业、文化生活等多方面很大程度上依赖于主城，对居民没有多少吸引力，因此也没有真正起到疏解中心城市人口和功能的作用。后来新城开发过程中不断完善自身的服务设施，提供就业，使新城更有吸引力、更独立，规模也逐渐增大。然而，不同地区新城的人口密度和规模将明显不同。如北美和西欧国家城市人口密度低、总量少，其开发的新城可能人口规模不大而用地规模很大；但亚洲东部和南部地区人口稠密，新城人口规模通常较大但用地规模较小。但日本是个特例，日本新城虽然人口规模小，但由于日本居民偏爱独户住宅的生活习惯，使得日本新城平均用地面积甚至远大于香港和韩国新城。

伴随着城市发展到一定规模和程度，20 世纪 90 年代末，美国人意识到其“郊区化”发展带来的问题：低密度城市无序蔓延，人口涌向郊区建房，“吃”掉大量农田，城市越“跑”越远，导致能耗过多、上班路程太长等城市病接踵而来。而欧洲的“紧凑发展”却令许多历史城镇保持了其紧凑而高密度的形态，并被普遍认为是居住和工作的理想环境。美国人因此提出了“精明增长”（Smart Growth）概念。建设一个“精明增长”城市的主要原则是：土地的混合利用，建筑设计遵循紧凑原理，各社区应适合于步行，提供多样化的交通选择，保护公共空间、农业用地、自然景观等，引导和增强现有社区的发展与效用。精明增长理论对于改变中国传统的城市发展模式，对于改变中国城市过度扩张而土地利用效率低下、新区开发建设迅猛而浪费严重、外延式增长突出而内部空间结构失衡等问题，对于提高土地利用效率，形成紧凑、集中、高效的发展格局，具有积极的借鉴意义。

产业新城规划往往要和产业规划相结合，进行综合考量。如上一章节所述，产业新城的产业规划，是在明确的区域（镇域、县域及以上）范围内，立足当地的资源与条件，充分结合外部环境及产业发展现状与趋势等因素，确定适合产业新城发展的主导产业及培育产业，并对各类产业的发展进行详细规划，理清发展次序，合理进行空间布局，形成完整的产业体系，打造强有力的产业集聚群，常常包括城市片区规划。此外，还应考虑产业新城的基础设施建设，公共配套服务设施建设、创造宜居宜业的生活环境氛围、控制开发时序，进而达到各类空间和功能融合等内容。对于重点新城新区，可以综合经济发展诉求、资源承载能力、社会成熟度、环境保护红线等制定空间战略规划，同时，可借助“多规”编制平台，建立起政府、市场、社会等多方沟通协作机制，提高产业新城规划的科学性和可行性。

从国内外产业新城发展实践来看，在开发实践的过程中，除考虑规模外，还更加注重配备健全完善的功能，以便更加有效发挥产业新城的城市功能及生活功能。然而，新城规模不仅需要综合平衡考虑公共服务设施、交通设施、生态绿化等配套的最佳经济效益和整体经济效益，也需要由当地实际情况和民众生活习性决定。当前，我国产业新城发展也存在一些问题，如：规划与实际脱节、过度超前开发，定位上同质化明显，部分类型的产业新城功能冗余，管理运营机构不顺，融资陷入困境等。为了避免这些问题，均需在产业新城发展初期进行综合考量，放眼长远，充分合理规划。产业新城是执行城市产业职能的重要空间形态，在改善当地的投资环境、促进产业结构调整以及经济发展等方面都有着重要的辐射带动作用，是城市经济腾飞的助推器。产业新城的建设要将产业规划与城市发展总体规划充分融合，作为城市的一个重要功能区来建设，产业新城建设规划与城镇规划要同步到位。例如，华夏幸福以全球视野和国际标准对合作区域进行顶层设计和战略规划，坚持“以人为本、可持续发展”的城市发展模式，建立城市发展核心指标，并依托“规划、设计、建设、运营”四位一体的城市发展完整体系，全生命周期角度统筹城市建设、土地利用、产业发展、生态环境等，建构出资源配置集约、城市设计创新、产业集群示范、多维智慧运营、社区营造完整、公共服务完善、生态环境良好、资源循环利用的产业新城，从而在一定程度上破解城镇产业转型升级难题，最终实现合作区域产业与城市的互动发展。早期的张江园区在居住和公共服务设施的平衡、城市功能的完善等方面存在诸多问题。城市实施建设明显缺失，“居住在浦东，娱乐在浦西”的现象十分严重，同时公众出行习惯和消费习惯也加重了对浦西原有中心的眷恋心理。为完善城市建设，进一步增强张江园区就业和居住的吸引力，促成张江园区城市结构的完善，张江打造张江功能区级、张江园区级和社区级，形成“一主两副三层”的城市建设体系。同时，张江引进有轨电车建设，极大地满足了园区内日益增长的公共交通需求，改善和提升了园区的投资环境，对进一步完善浦东和张江地区规划发展，提升该地区公交服务水平具有重要的探索和示范意义。

第二节　基础设施提升空间承载力

基础设施建设作为产业新城建设发展的载体，越来越受到产业新城运营商的重视，而且基础设施建设也是产业新城运营商城市建设能力的重要体现。因此运营商着力加大产业新城基础设施建设力度，以提升承载能力，促进企业集聚发展，吸引产业人口流入。

一、基础设施分类及其重要性

城市基础设施是指为社会生产和居民生活提供公共服务的物质工程设施，是用于保证国家或地区社会经济活动正常进行的公共服务系统。它是社会赖以生存发展的一般物质条件。基础设施包括交通、邮电、供水供电、商业服务、科研与技术服务、园林绿化、环境保护、文化教育、卫生事业等市政公用工程设施和公共生活服务设施等。

按服务性质划分，城市基础设施建设分为三类：①生产基础设施：包括服务于生产部门的供水、供电、道路和交通设施、仓储设备、邮电通讯设施、排污、绿化等环境保护和灾害防治设施。②社会基础设施：服务于居民的各种机构和设施，如商业和饮食、服务业、金融保险机构、住宅和公用事业、公共交通、运输和通讯机构、教育和保健机构、文化和体育设施等。③制度保障机构：如公安、政法和城市建设规划与管理部门等。基础设施水平随经济和技术的发展而不断提高，种类更加丰富，服务更加完善。

按投资主体划分，城市基础设施包括完全市场型的行业，如出租汽车、石油液化等。半市场、半政府行业，如自来水、排水、管道煤气、供热、供电、通讯、公共交通等。完全政府型行业，如园林绿化、路灯、环卫、城市道路、城市防洪等。政府背景运营商及上市企业凭借资金、资源优势，其运营产业新城项目的基础设施建设完善度更高，公私合作模式可有效解决运营商资金难题。

一般来说，城市基础设施多指工程性基础设施。工程性基础设施主要包括六大系统，具体如表 6–1。

表 6-1　　　　**工程性基础设施六大系统**

六大系统	包含内容
能源供应系统	电力、煤气、天然气、液化石油气和暖气等
供水排水系统	水资源保护、供水管网、排水和污水处理等
交通运输系统	分为对外交通设施和对内交通设施。前者包括航空、铁路、航运、长途汽车和高速公路；后者包括道路、桥梁、隧道、地铁、轻轨高架、公共交通、出租汽车、停车场、轮渡等
邮电通讯系统	邮政、固定电话、移动电话、互联网、广播电视等
环保环卫系统	园林绿化、垃圾收集与处理、污染治理等
防卫防灾安全系统	消防、防震、防台风、防风沙、防地面沉降等

资料来源：中国指数研究院综合整理。

基础设施建设是产业新城建设发展的基础，是产业与城市发展的基本载体，是产业新城建设过程中的重要着力点，也是运营商城市建设能力的重要体现。随着产业新城运营经验不断成熟，运营商正着力加大产业新城基础设施建设力度，以提升承载能力、促进企业集聚发展，吸引产业人口流入。从我们的调研情况来看，我国多数产业新城项目的基础设施建设完善度正在不断提升。

第一，从水、电、气、暖等基本设施情况来看，随着基础设施建设能力的不断提升，以及入驻企业及人员对于产业新城基础设施要求的提高，近年来我国产业新城项目大部分土地一级开发程度已达到或规划达到九通一平。从各产业新城生态环境的调研结果来看，运营商对于产业新城内的生态绿化重视程度逐渐增加。其中，亿达·武汉软件产业新城将实现 100% 的绿色建筑比例、50% 的绿化覆盖率，并有 11.3 千米的绿色廊道与森林、湖景相融合，3600 棵原生森林树种保护，成为对城市绿化贡献最大的区域之一。亿达·春田新城所处区域云集山、林、湖、坡等多种形态的土地，绿化率超过 50%。华夏幸福固安产业新城森林覆盖率超过 45%，住宅绿化率达到 35%。华夏幸福凭借较为先进的公私合作开发模式，在基础设施建设方面表现突出，供水厂、热源厂、变电站、污水处理厂等城市生活基础设施均建设完备。

第二，交通设施是目前产业新城基础设施建设中最为重要的一项，从产业新城的交通基础来看，完善的交通体系将更有利于园区的招商引资及吸引就业人口，也是产业新城运营商基础设施建设的重中之重。其中，少数产业新城距离中心城区的距离相对较近，城市本身的交通资源可以被有效利用，所以此类新城在交通基建上的投资力度相对较小。而多数产业新城距离中心城区的距离相对较远，需要运营企业对产业新城内部进行大量的道路基建投资，以解决交通问题。如中新天津生态城，目前累计道路建设 106 公里，对外交通便捷，园区内有多条公交线路，且公交免费，开车到达市区用时 45 分钟。固安产业新城累计道路建成 170 条，194 公里，开车到达市区用时 10 分钟，园区内有 4 条公交线路通过。

第三，部分产业新城运营商对于生态及智慧城市、地下综合管廊等新型基础设施的积极建设也成为发展中的亮点，其中海绵城市建设可以最大限度地减少城市开发建设对生态环境的影响，将 70% 的降雨就地消纳和利用。综合管廊建设不仅可以解决反复开挖路面，架空线网密集、管线事故频发等问题，还可以保障城市安全、完善城市工程，美化城市景观，促进城市集约高效和转型发展。临港作为上海首批三个海绵城市试点区域之一，试点区面积 79.08 平方千米，海绵投资约 81 亿元，其中，港城广场是临港产业新城“聚人气、强功能”提升城市产业能级的代表性项目。华发城市运营集团积极参与综合管廊项目开发建设及运营，以强大的资源整合能力、低成本的融资优势，保证管廊开发业务以更快的速度推进，该企业负责的珠海十字门中央商务区横琴片区已完成 3.079 公里综合管廊的建设，其余包括金融岛上约 1 公里、金湾区顺达路及白藤七路约 5 公里、高新区北围约 1 公里等管廊项目也已进入筹建阶段。

第四，从产业新城的生态环境来看，产业新城生态环境的打造同样是城市基础设施的重要体现。传统产业园区对生态绿化的重视程度较低，园区生态环境普遍不理想。当前，大多数产业园区普遍加强了对项目生态绿化的重视。例如，亿达·武汉软件产业新城将实现 100% 的绿色建筑比例，

50% 的绿化覆盖率，成为对城市绿化贡献最大的区域之一。华夏固安产业新城森林覆盖率超过 45%，住宅绿化率达到 35%。无疑，随着新城生态环境的明显改善，产业新城对人口的吸引力也将日益增强。

二、保障基础设施建设的投融资模式

城市基础设施建设对于资金投入方面的要求比较高，少部分运营主体凭借较大的政策支持，在基础设施建设方面成本较为可控，但多数民营企业运营主体则需要依靠较强的融资能力获得资金投入到基础设施建设中。从未来趋势来看，亟待构建更具可行性的公私合作投融资模式，解决基础设施建设资金难题。由于产业新城建设是集基础设施、公共事业和公共服务于一体的系统工程，具有准公共物品的性质，无论单纯由政府投资开发或纯粹引入民间资本，都存在明显的缺陷。因此，与政府合作进行基础设施开发，共同承担风险、分享收益将是一个互利共赢的选择。

近年来，公私合作模式（PPP）在城市公共基础设施建设中发展较快。为了拓宽 PPP 项目的融资渠道，国务院及相关部门出台的政策文件中都对 PPP 项目资产证券化持鼓励态度。

产业新城基础建设过程中采用的投融资模式较多，目前较为先进的模式是公私合作模式（PPP）。PPP 模式是在城市公共基础设施建设中发展起来的，以参与方的“双赢”或“多赢”为理念，是政府与企业为提供公共产品和服务而建立的各种合作关系。PPP 采用综合开发模式，对整体区域进行了统筹的规划，有利于企业投资和收益达到平衡，可有效降低管理成本和资金成本，提升公共设施建设的速度及运营效率。

例如，华夏幸福与地方政府确立政府和社会资本合作（PPP）模式，以“政府主导、企业运作、合作共赢”为原则，把平等、契约、诚信、共赢等公私合作理念融入产业新城的协作开发和建设运营之中。在华夏幸福固安产业新城项目的建设中，通过特许协议，固安县政府将特许经营权授予三浦威特，双方形成了长期稳定的合作关系，三浦威特作为华夏幸福公司的全资公司，负责固安产业新城的项目融资，并通过资本市场运作等方式筹集、垫付初期投入资金。同时，基于政府的特许经营权，华夏幸福公司为固安产业新城投资、建设、开发、运营提供一揽子公共产品和服务，包括土地整理、基础设施建设、公共设施建设、产业发展服务，以及咨询、运营服务等。通过此种合作方式，华夏幸福固安产业新城项目在基础设施建设方面取得了显著的成果，在土地平整规划、基础设施建设、供水厂、热源厂、变电站、污水处理厂等相关配套设施方面发挥了重要的作用。作为 PPP 模式的深入践行者，2017 年 3 月，华夏幸福固安产业新城新型城镇化 PPP 项目供热收费收益权资产支持专项计划，获得上交所受理，发行金额为 7.06 亿元，成为首批 PPP 项目资产证券化中唯一一单园区 PPP 项目资产支持专项计划。而随着 PPP 资产证券化项目范围继续扩大，证券化进程不断提速，将拓宽产业新城运营商基础设施建设的资金流入渠道。

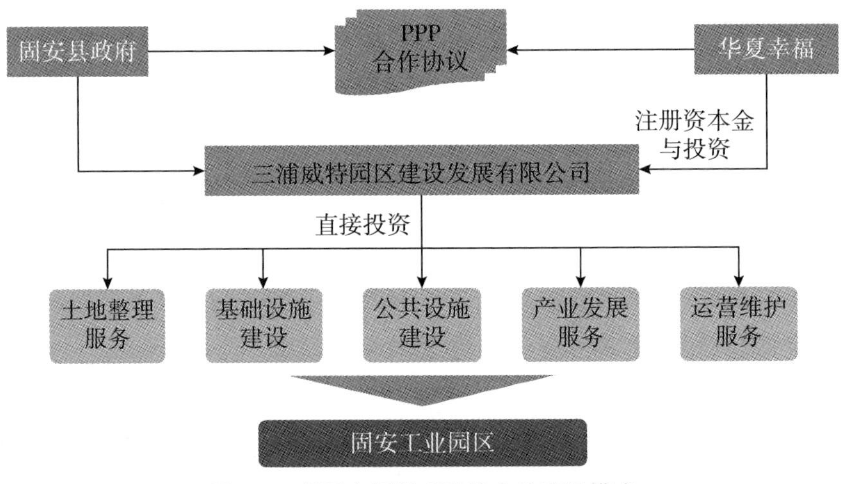

图 6-2　华夏幸福基础设施合作建设模式

资料来源：中国指数研究院综合整理。

未来，在产业新城基础设施建设方面，公私合作的融资模式作为中小型产业新城运营商解决资金问题、提高融资能力的重要方式，存在较大的发展空间。同时，我们也应看到，目前中国 PPP 模式还处于探索阶段，现存的 PPP 模式也有待进一步完善。政府作为 PPP 模式的发起者和参与者，应继续研究制定相关的扶持政策，并协调好与所进入民间资本的盈利关系，引入更多社会资本参与，推动产业新城基础设施建设水平实现更快提高。

第三节　公共配套促进产城融合

以产兴城、以城带产、产城融合是产业新城发展之路，产城融合的核心在于产业与城市、生产与生活的和谐发展。公共配套的完善程度、档次直接关系到产业新城对人才的吸纳力，是产业新城中城市建设的重要环节。

一、完善公共配套，增强生活和居住功能

生活和居住功能是产业新城不同于传统产业园的最主要特点。公共配套功能主要集中于商业、公共交通、教育、医疗、文娱等公共服务领域，通过对城市配套全方位的投入，打造更为舒适、便利的生活工作环境。

具体来看，产业新城内代表社区和企业周边 15 分钟范围内[①]公共交通、商业、酒店、医院、学校、文娱等配套设施的完善程度体现了新城的公共服务水平。产业新城内公共设施的发展大致可分为三个阶段，早期阶段企业通过建设社区级的员工餐厅、宿舍、便利店等基础配套来满足员工的基本生活保障；随着产业新城的持续发展，超市、饭店、小型银行、快捷酒店等商业配套，社区诊所、医院等医疗设施以及幼儿园和中小学等教育配套成为企业日常商务以及员工生活不可缺少的一部分；产业新城发展至相对成熟稳定阶段，当地居民更加注重文化娱乐、休闲服务等多元化、个性化的综合性消费，相应的公共配套也应更加完善，通过建设大型的购物中心、体育场馆、健身中心、星级酒店等商业配套来满足居民深层次的休闲娱乐需求。企业可以通过引进品牌幼儿园、中小学、国际学校以及培训辅导机

① 15分钟生活圈覆盖度主要采用产业新城内代表企业及住宅社区所在位置周边1.5公里范围内配套覆盖度进行评价。

构等，在解决居民子女教育问题的同时，让子女得到更高质量的教育保障。同时，新城内引进优质的医院、医保定点机构等医疗机构，在保障居民基本健康的同时满足其更高的医疗需求，提升其幸福感。

从对全国产业新城的调研情况来看，少数优秀运营商的产业新城项目整体配套完善且档次较高，部分项目已经形成了一定的人群集聚，并吸引中心城区人口前来购物休闲，从而打造出城市新的都市中心或商业中心。比如华夏幸福的固安产业新城，从城市级的商业配套幸福港湾，到五星级酒店、三甲医院等，依托开发区的完善城市配套，居民的居住、商业、文化、休闲、医疗、教育等需求都能得到满足。通过为其产业新城内的就业人口提供相应生活配套，带动了当地居民消费结构的升级，同时也极大地提升了固安县的城市形象和居住品质。泰达 MSD 依靠其先进制造业基础、完善的商业生活配套、便捷的交通体系、优美的城市环境，形成集行政中心、国际商务中心、金融中心、文化教育中心、高端商业中心、休闲娱乐中心、医疗中心等多元复合业态于一体的高水平现代商务平台。泰达 MSD 写字楼的高出租率，为园区带来众多商务精英人士。同时，MSD 内完善的商业配套也吸引众多人群前来购物休闲。

总体来看，现阶段国内产业新城不断提升商业配套的完善率，大多数产业新城均具备了包括餐饮、超市、商场在内的较为完善的配套。但由于大部分产业新城项目还处于建设阶段，在商业功能配套初期更侧重于解决基本的日常生活需求，如餐饮、小零售业态等较多，大型商业配套设施仍在规划或建设中，整体配套的完整度仍有待加强，与商业服务配套相对应的教育、医疗以及休闲娱乐等实施的开发仍相对滞后。

教育、医疗配套是城市重要的公共服务能力，也是产业新城得以留住人才的关键因素。从目前国内产业新城项目的教育、医疗配套质量来看，仍有待提高，多数产业新城项目的优质教育、医疗需求仍依靠外部城市资源解决。但部分优秀的产业新城在教育、医疗配套方面已进行了有益的探索。

例如，张江高科技园区和泰达 MSD 两大政府引导建设的产业新城凭借资源优势，配备了三级甲等医院，医疗服务能力领先，华夏幸福固安产业新城项目、大厂潮白新城项目在引入教育资源时分别与北京八中和北京五中合作，建立一贯制学校，满足了园区居民子女教育需求，配套水平提升到了新的层次。

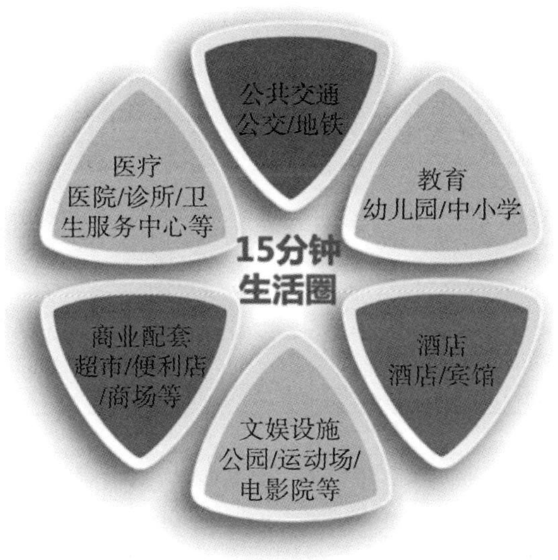

图 6-3　产业新城的公共配套

资料来源：中国指数研究院综合整理。

除能够满足新城内人员各类生活需求的服务配套以外，产业新城内的文化建设同样重要。从产业新城运营商对于项目文化生活的建设情况来看，多数产业新城缺乏文化生活配套的建设与氛围的营造，更没有组织起系统性的日常文化生活。目前，有文化活动的产业新城项目在活动组织、活动内容上的建设也有待提高，未来城市建设应重视内外兼修。对于文化生活建设做得比较好的多为政府背景的产业新城运营商，例如张江高科每年会定期组织“相约张江”科技文化活动，以及龙舟赛、乒乓球赛等体育活动，目前已发展得较为成熟。

生活服务配套设施是城市居住功能的重要体现，也是产业新城能否真正有效引入居住人口的关键。因此，寄托于新城区域项目产业的逐步成熟和主城区域资源的陆续外溢来吸纳人口，需要较长的发展周期。在这种情况下，通过自行投资建设、完善项目的各项生活配套，将明显有助于吸引外来人口长期居住在新城。

二、“配套先行”的企业实践

从目前产业新城运营主体对于项目配套建设的特点来看，主要分为以“配套先行”带动产业新城发展和“产业先行”逐步完善城市配套两种建设思路。例如华夏幸福、亿达中国等企业部分项目采取配套先行策略，张江高科等运营商的部分项目采取“产业先行”逐步完善城市配套的发展策略。在“配套先行”策略的前提下，适度控制开发时序，利于更好地实现职住平衡。

表 6-2　产业新城公共服务配套方式

配套方式	特点	代表项目
配套先行	在产业新城产业发展有待成熟，尚未形成有效人口集聚之前，先行完成项目生活服务配套，通过完善城市功能吸引人口流入	华夏幸福固安产业新城 / 大厂潮白新城、亿达中国春田新城等
产业先行	在产业园区发展到成熟阶段，产业逐步成熟吸引产业人口流入并产生生活需求后，引导后期逐步完善生活配套功能	张江高科技园区、重庆 EBD 等

资料来源：中国指数研究院综合整理。

华夏幸福秉持“以产兴城、以城带产、产城融合、城乡一体”的系统化发展理念以及“打造幸福城市”的开发理念，高质量完成各种基础设施建设，并建设酒店、学校、医院、商业综合体等配套设施，以完善城市功能、增强承载能力。除此之外，华夏幸福还积极贯彻产城融合的理念，按照“公园城市、休闲街区、儿童优先、产业聚集”的规划思路，打造独具前瞻性、创新性的“未来城市试验区”，使得城市行政办公、商务金融、会议展览、文化娱乐、商贸物流、大型公园等城市功能日益完善，并针对产业新城内主要就业人群，匹配相应的公共配套设施。华夏幸福在城市建设过程中遵循配套先行的原则，在项目自身实现人口导入之前先行完善生活服务配套，为产业新城项目吸纳人口提供生活基础。同时，在配套的开发建设中，也逐步形成了自己的配套品牌，以智慧城市、生态城市、文化城市三大系统构建幸福城市体系，具备城市级、区域级、社区级城市生活配套，为市民创造便捷、宜居、多元的城市生活空间。

华夏幸福运营的固安产业新城在生活区打造方面，配套建设了大型居住生活社区，打造高层公寓、联排、叠拼、独栋别墅等多层次住房体系，满足不同的居住选择；在商业配套方面，项目在住宅区域配备了城市级的商业配套，并命名为幸福港湾，同时自行投资5亿元建设了五星级福朋喜来登酒店；在教育配套方面，固安产业新城项目与北京八中合作开设分校，全权交由北京八中自行运营；在医疗配套方面，将规划建设自有品牌的三级甲等医院。项目内的所有配套设施均由华夏幸福开发建设。再如大厂潮白河经济开发区，针对其中大厂影视创意产业园的就业人群，将配置诸如文艺气息浓厚的咖啡馆、会客厅等传媒人士较为青睐的圈层社交场所，以满足他们的生活商务交流需求。

亿达中国在大连建设运营的春田新城项目同样是产业新城配套先行的代表。以春田新城为例，项目在建设初期就将产城融合作为建设目标，在项目的各类生活配套方面投入巨大，项目主打的教育功能区聘请了国际知名设计公司打造，校园与教师规模均达到普通校园的1.5倍，并形成了幼小中一贯制的教育体系；除此之外，商业、娱乐等资源也已达到了能够满足产业新城内居民需求的完善程度，为吸纳并留住外来人口提供了保障。

张江高科技园区成立于1992年，是中国国家级高新技术园区，与陆家嘴、金桥和外高桥开发区同为上海浦东新区四个重点开发区域。作为国家级高新技术园区，张江高科技园区凭借较强的产业培育能力和创新发展能力，较好地完成了产业集群打造，吸引了大量高新技术企业入驻，项目就业人口快速增长，逐步形成了大量居住及生活需求。为满足已经存在的生活需求，项目的各项基本设施建设与配套顺势发展，运营商凭借较强的招商及资源整合能力，使各项配套均达到了较高水平，可以说是运营商强大的产业发展能力集聚了大量产业人口，从而带动了项目配套的发展。

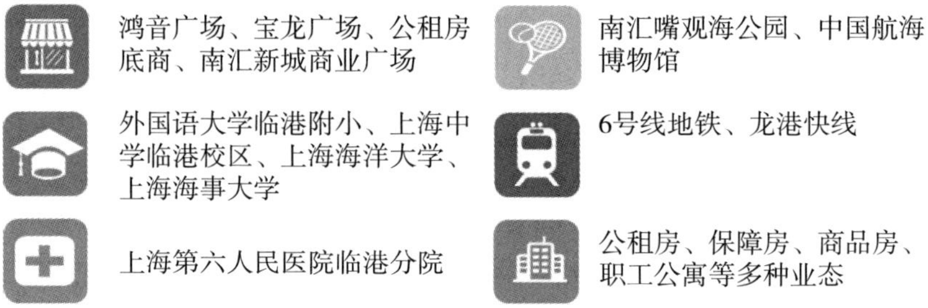

鸿音广场、宝龙广场、公租房底商、南汇新城商业广场

南汇嘴观海公园、中国航海博物馆

外国语大学临港附小、上海中学临港校区、上海海洋大学、上海海事大学

6号线地铁、龙港快线

上海第六人民医院临港分院

公租房、保障房、商品房、职工公寓等多种业态

图 6-4 临港产业园公共配套

资料来源：中国指数研究院综合整理。

临港产业园坚持打造高品质城市配套体系，医疗教育、商业休闲、星级酒店、住宅社区一应俱全，已建成“工业化带动城市化、城市化服务工业化”的国际化、现代化、生态化的创新型产业园区。

目前，中国大部分产业新城项目已从“以产兴城”的开发阶段进入了“以城带产”的发展阶段，产业新城内经济初具规模，从业人员不断增加，但由于城市功能尚未及时跟进，使得从业人员日常生活的物质和精神需求得不到满足，这将极大地限制产城融合发展。因此，产业新城运营商对于产业新城内配套服务设施的重视程度明显加强，增强城市建设能力、完善公共配套将成为未来产业新城的发展趋势。

第四节 人口集聚与生活宜居推动可持续发展

产业新城的可持续发展不仅依托于基础设施、公共配套的建设，更离不开人口的导入以及生活环境的持续改善。在产业新城的开发建设过程中，良好的产业导入、优质的居住配套等对产业新城集聚人口、实现职住平衡起到关键作用。

一、产业新城人口集聚现状

目前，我国多数产业新城人口集聚效应仍然较弱，未来产业新城内就业人口的集聚需要依托良好的产业发展、完善的基础设施建设和各类生活服务配套来支撑。盖文启在《创新网络——区域经济发展新思维》一书中提到，区域竞争的焦点已不再局限于显性资源的存量，区域内人们的创新思想、高素质人才携带的创新知识以及共同的文化背景等隐性资源的竞争更为关键。这些隐性资源正是创新所需的文化环境。在“产城融合”的过程中，人们交流、学习的平台将更加丰富，开发区内企业间的联系也将更加紧密，从而促进居民与企业共享地方隐性知识，并不断更新与创造更多的隐性知识。在城市功能优化和社会环境改善的过程中，优化的人力资本结构和社会网络关系，将提升开发区的吸引力和地价水平，更好地实现产业的自主更新。

由于我国大部分产业新城项目仍处于开发建设阶段，当前人口导入能力一般，多数项目人口导入不及预期，产业新城大部分就业者采取了“主城区居住—园区工作”的方式，园区常住人口相对较少。部分产业新城项目，受制于园区建设与产业发展阶段限制，人口导入规模较小，且有效就业与有效居住人口更少，较难为人口融合奠定稳固的基础。尽管一些项目吸纳了大量本地人口就业，但基本还是从事相对低端技能的职业，如产业工人、环卫、保洁、保安等，收入水平都较低，很难对项目内的住房需求及销售形成拉动。从目前国内产业新城的人口导入量来看，只有部分起步早、产业链条发展较成熟的产业新城项目具备一定的人口融合能力。例如，苏州工业园区、张江高科等国家级别的产业新城项目，由于产业和城市功能发展均较为成熟且项目体量较大，目前人口聚集效应强。福田天安数码城、光谷金融港等新城项目由于距离城市核心区域较近，项目周边配套、基础设施较为完善，交通便利，有助于外来人口的导入。而部分产业新城由于所处区域本身人口基数较低，且城市正处于建设阶段，各类配套完善程度低，目前人口导入量处于较低水平。

二、产业导入先行，带动人口集聚

如何推动产业新城的人口导入呢？这就需要破解制约人口导入的难题。就目前的情况来看，主要有两种因素制约人口导入，一是产业新城内基础设施建设及各类生活服务配套尚不能满足就业人群的日常需要，迫使就业人员选择在生活条件相对完善的主城区居住，职住分离、空间错位等现象频出；另一种是产业发展还处于相对初级阶段，产业集聚度尚未形成，人口吸纳能力有限。因此未来想要有良好的人口导入效果，除需在基础设施建设和各类公共服务配套方面加大投资力度、提高园区生活便利程度之外，产业导入至关重要，需要明确产业定位、打造产业链、构建产业集群，以优质多元的服务增强产业发展能力和人口聚集能力。各类产业新城在做好基础设施建设的同时，也应该加强对人才的重视与尊重，针对就业人员提供各类人才引入优惠条件和就业帮助。

除此以外，为了丰富就业人群的精神文化生活，产业新城不断提升城市文化建设水平，拓宽市民文化活动空间。例如，在上海临港产业园区内，城市文化建设逐渐丰富，上海极地海洋世界、WinterStar 冰雪之星等一批重大功能性项目加快建设。中央美术学院中法艺术与设计管理学院、中英国际低碳学院、上海天文馆等一批社会事业项目有序推进。临港滴水湖环湖 80 米宽景观带为环湖公园提供了连贯的步道体系，让人们可以在晨曦夕阳中环湖骑行和跑步。

三、提升居住品质，增强人才吸附力

居住功能是产业新城不同于传统产业园的最主要特点，住宅开发不但可以带来良好的居住环境和生活环境，通过“筑巢引凤”以吸引人口导入，同时可以提高工作效率和调动员工的工作热情，对产业发展产生促进作用。因此，是否规划建设有符合产业新城定位的高品质住宅配套是衡量产业新城运营商城市建设能力的重要方面。

要保证产业新城居住功能更好地实现，住宅品质和物业服务就需要在一个较高的水平上。而要保证住宅开发的整体质量，就需要在规划上强调整体性，住宅密度和绿化程度上都需要普遍好于所在城市的中心城区的水平。目前，国内大部分产业新城居住功能都在不断强化，居住环境持续改善。产业新城项目规模较大、土地资源相对丰富，住宅的整体开发性较强，多数产业新城的住宅开发种类较多，除了多层、高层、公寓、洋房、别墅等商品房外，还包括公租房、保障房、职工公寓等多种业态，可满足不同层次人口的居住需求。此外，由于产业新城整体规划空间较大，且大部分产业新城项目为近年开发或正在建设中，因此在住宅品质、住宅容积率和绿化程度上，相较于城市中心城区住宅均有一定优势。

无论是城市远郊的大型产业新城还是随着城市外扩逐渐融入核心区的新城，注重新城居民的住宅居住品质无疑已成为产业新城发展的重要趋势。就产业新城住宅的开发主体而言，配套住宅多为运营主体参与开发建设，部分新城同时引入外部品牌开发商参与开发。例如，华夏幸福的固安产业新城住宅项目均包含高层、洋房、别墅等多种物业类型，满足各类型人群的居住需求，且住宅区生态环境宜人，配套设施相对完善，住宅品质较高。亿达·武汉软件新城的住宅配套，由亿达中国主导开发建设，秉承“低密度、低容积率、低碳、高品质、高技术、高智能化”的建设理念，其中，50万平方米的公租房示范基地使新就业群体住房需求得到保障。同时，项目引入万科、碧桂园绿色社区，为高端创新人才引进提供了配套支撑，从而满足不同层次人口的住房需求。宏泰发展在龙河高新区除自建住宅外，还引入了首开、恒大、鸿坤、证大等知名开发商在园区内进行开发建设，为不同层次人口提供居住空间。总体来看，运营主体参与住宅开发不但使产业新城整体的住宅类型配比更加合理，同时可以对住宅品质施以有效的控制。对产业新城的住宅项目进行整体开发，保障了新城内住宅风格的统一性以及不同物业之间配比的合理性。

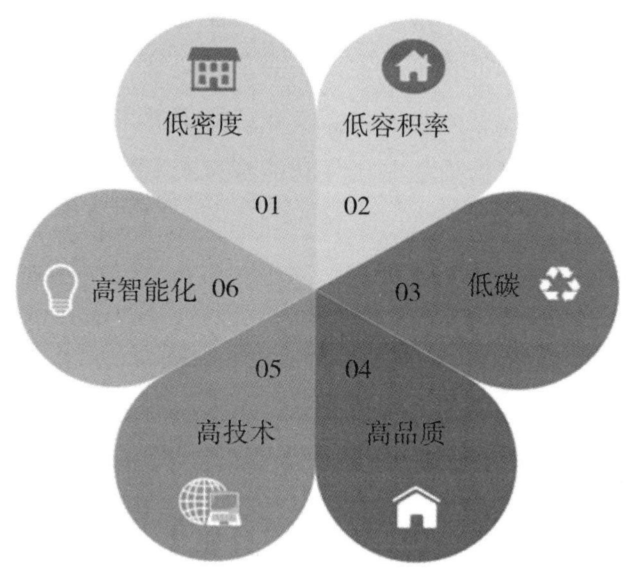

图 6-5 高品质住宅

资料来源：中国指数研究院综合整理。

四、“职住平衡”，营造生活宜居氛围

生活宜居不仅体现在居住品质提升方面，同时也取决于工作与生活的平衡度。“职住平衡”不仅仅是就业岗位和居住人数的平衡，更在于两者之间的匹配。目前我国多数产业新城的职住平衡度并不高，根据我们的长期研究显示，超八成产业新城项目的就业者在新城居住比例低于 30%，同时近一半的产业新城项目就业者平均单程通勤时间在 40 分钟及以上。未来应依靠合理规划和适度控制开发时序，达到产业新城的各类空间和功能融合，从根本上提高产业新城职住平衡度。

在目前发展阶段，产业新城多位于大城市周边地区或城市的非核心区域，区位较偏且产业发展不够成熟，短时间内无法有效吸引人口转移，且项目内的办公人口由于生活的便利性较低，往往选择居住在主城而不是在新城内安家，产业新城的职住平衡度普遍较低。造成这种现象的原因主要包括两点：第一，“工业区发展思路”导致规划不合理，新城功能相对单一，产业功能为主，其住宅、公共服务等城市配套规划建设较少，无法满足就业者居住需求造成职住分离；第二，产业新城的开发阶段和进度影响职住平衡，任何产业新城的发展都不是一蹴而就的，产业引入和城市配套发展不同步的情况难以避免，尤其是处于发展初期的产业新城，可能虽然规划合理，但城市配套设施开发滞后，就业者不得不选择居住在城市中心，或者由产业转移而来的就业人口由于惯性仍选择在中心城区居住，从而导致职住分离。

城市规划学者提出的“职住平衡”理念最早可以追溯到19世纪末霍华德“田园城市”中居住与就业相互临近、平衡发展的思想。即通过居住与就业的平衡分布，使居民能够就近工作，从而实现减少交通拥堵、缩短通勤距离、鼓励公共交通、降低能耗和环境污染的目的。我国早期的开发区和工业园区建设多以发挥经济功能为重点，工业发展为主，使得园区过度偏重工业生产功能，忽视城市配套功能，不可否认的是这一阶段“职住分离”的空间格局有利于企业的有效集中，充分发挥其集聚优势。从我国经济和城市发展的轨迹来看，居住与就业的关系大致经历了三个阶段：

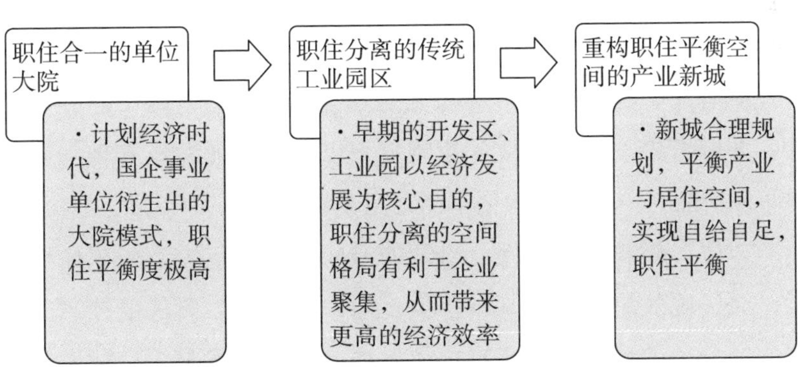

图 6-6　中国居住与就业关系经历的三个阶段

资料来源：中国指数研究院综合整理。

随着工业园区发展到一定阶段，经济规模逐步形成，但由于城市功能的缺失，从业人员不得不通勤于主城区和园区之间，交通拥堵、通勤时间长的同时使新城新区缺少人气，进一步制约园区城市功能的发展。因此，仅由产业功能主导的新城新区模式已经不符合现阶段经济和社会发展的需要，而兼顾产业功能和城市功能的产业新城模式进入全速发展时期。

基于对目前中国产业新城职住分离现状及原因的分析，我们认为未来产业新城若想实现“职住平衡”需要从以下几个方面着手。

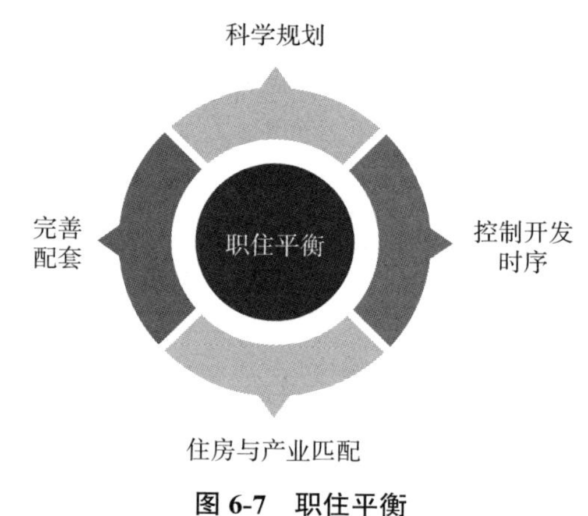

图 6-7 职住平衡

资料来源：中国指数研究院综合整理。

第一，科学的规划产业与居住空间比例。产业新城在规划之初应摒弃工业区发展思路，在进行城市空间规划和土地供给时，除了充分集聚产业用地外，还应考虑住宅和商业配套规划，以达到产业新城未来发展可以集产业和居住功能为一体，为职住平衡奠定基础。

第二，适当控制开发时序。科学的空间规划仅仅为实现职住平衡提供了可能，而实施效果如何在某种程度上取决于对开发阶段的控制。部分产业新城职住分离的现状在一定程度上是由于住房开发早于产业发展，早期购房者基本来自新城外部，后来的产业就业者就近住房选择受到限制。

第三，新城提供的住宅类型应尽量与就业者购买力相匹配。产业新城就业者能够选择当地购房的前提是建立在其具有相应购买力的基础上，如以加工制造产业为主的新城配以大量高端住宅显然是不合理的，所以新城住宅类型的定位需要与产业定位相结合，并提供出售、出租等多种供给模式，同时注意政策性住房的建设，为新城就业者提供买得起、住得好的住宅配套。

第四，完善新城城市配套功能。产业新城应加强基础设施建设，发展教育、医疗、文化等公共服务配套，缩小与中心城市的配套差距，建设城市功能完备、生态环境优美、宜居宜业的新城，从而吸引新城就业者定居，减少生活出行总量，实现职住平衡。

总体来看，大部分产业新城项目早期规划阶段对居住、产业、商业及其他功能分区都有明确和科学的划分，因此各功能板块之间的空间距离适中、互动感较强。不过产业新城项目一般体量较大，开发需分期进行，而且产业的引入和城市配套发展不同步的情况也难以避免。目前大部分产业新城项目城市配套设施开发相对于产业发展来说有一定的滞后性，产业新城内的就业员工不得不采取主城区居住、园区工作的方式；而部分新城项目住房开发早于产业发展，早期购房者大部分为新城外部居民，居住配套后期跟进乏力，导致产业就业者在园区居住受限。这两种情况对于产业新城职住平衡的影响均较大。因此，除了对产业新城各功能分区的科学规划、合理布局外，控制产业新城建设的开发时序也非常重要，这样才能为导入人口提供完善便利的生活就业环境，真正达到产业新城的各类空间和功能的融合，从根本上提高产业新城职住平衡度。

此外，产业新城的人口构成特点与一般城市不同，其发展变化通常经历了从单一就业人口向构成复杂的居住人口转变的过程。在新城建设的各个阶段，新城里的人们对于居住和公共服务的功能要求不完全相同。规划应充分认识这种变化趋势，结合各个阶段的人口特点，有针对性的提供适宜的住房体系与公共服务设施，并且关注各个阶段人口的就业结构、收入结构等指标与同时期的住房、公共服务设施的建设水平是否相符，据此对下一阶段的城市建设工作进行调整优化，以保证居住、就业、公共服务功能的同步实施。

第七章　产融结合发展的突破

对于产业新城运营商而言，由于项目涉及开发周期长、功能复合、开发及运营资金需求量大等特点，企业的融资能力以及最优的融资组合对支撑产业新城建设的有序推进至关重要。当前，产融结合在新常态下对推进企业发展具有重要作用，如何创新产融结合方式，让金融更好地服务于实体经济，服务于产业新城建设，是一个需要持续探讨的课题。

第一节　传统融资方式及存在的问题

以往，产业新城运营商通过传统的融资方式获取资金来进行产业新城的开发建设，但由于融资渠道有限，往往导致融资成本比较高，而且期限也比较短。相对于产业新城开发周期长、业态复合、资金需求量大等存在诸多限制。

一、我国产业新城传统融资方式

1. 政府拨款

过去由政府主导开发建设产业新城的模式较为流行，但随着市场化程度的提升，越来越多的产业新城运营商进入到该领域，随着政企之间的合作加深，产业新城从开发建设到后期运营服务大都由市场化力量完成，过去由政府拨款开发建设产业园区的融资渠道逐渐退出市场。与此同时，为了促进该区域的产业发展，政府会制定一系列税收减免、奖励扶持、政府补贴等政策吸引企业入驻。政府为了吸引专业能力强的产业地产开发商与其合作，通常承诺回购产业新城内的一部分楼宇，这也可视为政府支持产业新城开发的变相拨款。

2.银行贷款

长期以来，国内地产开发商一直面临着资金短缺困扰。从开发商的资金需求现状来看，除自有资金外，银行贷款是其重要的融资渠道，企业对其较为依赖，这样在金融政策收紧时往往给整个房地产市场带来比较大的影响。2017 年以来，随着房地产市场调控趋紧，房地产融资延续收紧态势。2018 年 1 月 14 日，银监会发布《中国银监会关于进一步深化整治银行业市场乱象的通知（银监发〔2018〕4 号）》（下称通知），对 2018 年深化整治银行业市场乱象提出一系列具体的、可操作性的工作要求，并将违反房地产行业政策作为 2018 年十大整治重点之一，强调继续推进金融体系内部去杠杆、去通道、去链条。《通知》指出，直接或变相为房地产企业支付土地购置费用提供各类表内外融资，或以自身信用提供支持或通道；向“四证”不全、资本金未足额到位的商业性房地产开发项目提供融资等行为都将被列入整治。随着我国房地产市场调控的常态化发展，未来银行贷款对企业的要求将越来越高。

3. 证券融资

产业地产开发商通过上市的方式快速募集到项目建设所需资金，这不仅能保证项目开发建设的顺利进行，也能为企业发展提供相对安全的资金支持。但是国内股票市场对房地产企业的 IPO 审查比较严，尤其在企业的财务指标方面存在着许多限制。由于房地产企业盈利模式的特殊性以及大多数企业资产负债率指标偏高，导致发行审计委员会对其进行审核时很难通过财务报表这一关，最终影响企业的 IPO 进程。早期，一些产业新城运营商通过市场化手段到资本市场进行融资，如华夏幸福、空港股份、张江高科等均进入了资本市场，获得了较好的资本支持。

4. 债券融资

债券融资是指企业通过发行债券来筹集资金，机构或个人投资者通过借出资金，成为企业的债权人，并享有到期收回本息的融资方式。由房地产企业发行的债券是表明企业与投资者债权债务关系的一种承诺凭证。通常情况下，为吸引社会上的闲散资金，企业发行的债券利率通常要比同期的银行存款利率高，且低于同期银行贷款利率。但发行债券过程中金融机构、外部投资者对企业的经营状况也有较高要求，以确保企业能够按期偿付本息。

二、传统融资方式存在的问题

1. 融资渠道有限

当前，国内有实力的产业地产开发运营商不多，多数开发企业还处于探索与初步运作阶段，融资渠道有限。银行对于风险控制比较严格，需要企业准备较高的项目资本金，此外还需要一定资产抵押物或者政府出面担保贷款，因此通过银行贷款来补充项目建设资金存在着较多的限制。而且，随着金融监管政策趋紧，银行对地产项目的放贷也越来越严，这会导致开发商资金链趋紧。虽然，上市融资、债券融资等融资方式在资本市场上开始流行，但由于实际操作过程中存在着诸多政策风险因素，这些融资工具也存在一定的局限性。

2. 缺乏有效的协调机制

过去，以政府为主导的传统融资模式下，社会资本在参与产业新城建设过程中常常处于劣势，政府和社会资本之间存在着等级划分。而且，由于缺少有效的协调机制使得社会资本在参与产业新城建设过程中存在着信息不对称，社会资本的投资收益无法得到有效保障。政府在与社会资本合作时往往追求自身利益的最大化，从而大大增加了社会资本的投资风险。这样，政府就无法与社会资本有效合作来提高项目的运行效率，从而使资金使用效率无法提升，甚至出现资金闲置问题。另外，由于社会资本无法参与到项目的前期论证以及可行性研究等流程，其专业优势无法得到充分发挥。这也进一步削弱了社会资本参与项目建设的积极性，加大了项目融资的难度。

3. 项目开发周期长，资金周转慢

对于产业新城运营商来说，项目开发周期长、项目体量大、资金投入巨大，同时又无法像住宅那样通过开盘销售来快速回笼资金以解决资金压力，因此产业地产开发企业亟须周期长的贷款渠道解决资金问题。然而国内多数银行为控制不良贷款率，往往只批准一些短期贷款，这就与产业地产所需的长期贷款诉求无法匹配。这会导致一些无法获得长期资金支持的产业地产项目在完成后进行出售，以便回笼资金。长此以往，不利于产业模式的创新与健康发展。

4. 融资成本过高

目前，国内产业新城项目融资主要表现为债务融资占比过高、上市融资门槛过高、融资进程较缓等，这些问题都将会导致项目的融资成本增加。与发达国家相比，其城市建设主要以国家信用为基础，通过发行低成本债券来筹集资金，而我国以银行长期贷款为主导的城市建设模式，财务成本要比债券融资高出许多。

以往，新城建设多以地方政府为主导，这些政府融资平台可以用土地收益权进行抵押，从银行获取大额的贷款。但是随着产业新城开发及运营市场化程度的逐步提升，加之政企合作的不断深入，越来越多的产业地产开发采用产业地产商或者综合运作的模式。但由于产业地产项目开发特点，这对开发商的资金实力提出了较大挑战。为此，多元化的融资模式势在必行。

第二节 产融结合助推产业新城运营商快速发展

产业资本与金融资本的融合是当前产业经济发展的重要趋势之一：产业的成长与扩张需要借助资本的力量，同样，金融资本只有与产业进行深度的结合与协同发展，才能充分发挥自身的资金优势。在新常态下，深化产业与金融资本融合，达到“产”和“融”二者良性互动融合发展，对于助推行业发展具有重要的现实意义。

一、产融结合的理念与政策渊源

产融结合是指在市场经济发展到一定程度后，为促进产业的多元化发展，运用金融资本工具等多种形态，使产业资本与金融资本不断融合，从而提升资本运营能力和水平的动态发展过程，是产业与金融相结合的资本化升级。这种融合包括资本联系、资产证券化等形式，并由此引发的二者在人力、资本、信息等方面之间相互渗透与融合。产城融合模式具有相互渗透性、高效性、互补性、双向选择性等特点。产业与金融之间相互融合的关系，从主体资金的流向来看，通常可以分为两种：一种是“由产到融”，这种方式是产业资本向金融资本进行渗透，通常是企业发展到一定的规模，为了实现自身更快速发展而参股或者控股金融企业。典型案例如以轮船航运起家的招商局在发展过程中发现产业的发展需要金融支持，所以它创办或者新办了许多与产业相结合的金融业务。招商局通过借助一系列资本化手段，现已发展成为集银行、证券、资本、保险、港口、物流、航运、地产等为一体的多元产业板块。而另一种是“由融到产”，这种情况下金融资本从战略角度出发，在实体产业中选择性地控股某些实体产业进行投资或布局，形成金融和产业结合，而不是纯粹地入股，获取平均回报。

产业的发展离不开金融的扶持，发达的金融服务对加速产业发展起着重要的作用。党的十八大以来，国内金融业保持快速发展，金融产品也日益丰富，金融体系不断完善，金融服务于实体经济的能力也不断提升。金融业围绕“三去一降一补”，不断提升金融资源配置效率，切实满足了实体经济的融资需求。但是，最近几年，金融服务实体经济方面存在着一些突出问题，“脱实向虚”的现象不容忽视。2017 年召开的第五次全国金融工作会议要求做好金融工作，要把金融服务于实体经济作为出发点和落脚点，全面提升金融服务效率和水平，把更多的金融资源配置到经济发展的重点领域以及薄弱环节，从而满足实体经济发展多样化的金融需求。同时指出优化结构，完善金融市场、金融机构、金融产品体系，要坚持质量优先，引导金融业发展同经济社会发展相协调，促进融资便利化、降低实体经济成本、提高资源配置效率、保障风险可控。并以市场为导向，充分发挥市场在金融资源配置中的决定性作用，完善市场约束机制，提高金融资源配置效率。十九大报告强调深化金融体制改革，增强金融服务实体经济能力，提高直接融资比重，促进多层次资本市场健康发展。金融服务实体经济是新时期我国金融工作的基本要求，对衡量金融创新以及深入推进金融发展都有着重要的指导作用。做好金融服务实体经济工作，首先需要对金融的功能进行系统正确的理解。现代金融也具备越来越多的功能，不同类型的金融功能分别对应着不同的金融服务实体经济方式，在不同的经济发展阶段，所需的金融功能也有一定的差异。当前，我国正面临稳增长、调结构、转变发展方式等一系列战略任务，金融业需要加快创新改革，更好地助力实体经济的发展。金融业应积极支持参与战略性新兴产业、先进制造业、传统产业转型升级，主动响应国家宏观经济政策、产业政策战略部署，特别是在“一带一路”倡议、京津冀协同发展、长江经济带等战略实施过程中，充分发挥金融在资源配置中的核心作用。

二、产融结合助推企业快速发展

产融结合本质上是企业在产业与金融之间进行全局性的资源配置，通过对资源进行高效配置而形成产融之间相互依存、相互促进的关系。产融结合有助于企业借助于资本力量实现自身的飞速发展。为了实现自身的转型升级以及飞跃式发展，企业不断探索创新现代金融体系与实体经济之间联系，发掘二者之间融合与互动的新路径，以有效地化解融资及风控难题。企业通过构建金融资本与实体产业之间的良性互动、螺旋上升的产融结合新形态，实现金融产业与实体产业的优化互补和高效协同，从而既能够有效降低实体经济的金融风险，又使产业可以从金融领域获得更多的利润回报，最终达到“金融疏通血液，产业提供利润”的最佳状态。改革开放以来，招商局集团为实现自身的快速发展，通过发起设立或并购等一系列方式壮大旗下金融产业。1986 年，通过收购香港友联银行，成为国内首家布局银行的非金融类企业；次年，招商局集团成立了招商银行，紧接着便与工商银行进行合作成立了平安保险，开始涉足保险行业。随着一系列的资本活动使得招商局成为集银行、证券、资本、保险、港口、物流、航运、地产为一体的多元化企业。新时期，为了进一步响应国家产业转型升级战略、加快自身的创新发展步伐，招商局在产融结合模式上进行新的探索，将旗下的蛇口工业区与旗下上市公司招商地产进行无先例的重大资产重组，组建了新的招商蛇口，并将其定位为中国领先城市及园区综合开发和运营服务商。重组上市后的招商蛇口不再仅局限于传统地产业务，而是立足于园区开发与运营、邮轮产业建设与运营、社区开发与运营等三大业务版图，着力打造“前港—中区—后城”的城市运营模式，运用“产、网、融、城”一体化方式推动城市的升级发展，从而实现布局智慧城市、智慧商圈、智慧园区和智慧社区的战略目标。招商蛇口的发展壮大以及所做的探索，都是在和资本、金融等紧密结合所带来的，并在这个过程当中不断壮大。作为国内领先的产业新城运营商，华夏幸福依托 PPP 模式，为我国县域经济的发展模式做出了重要探索。2002 年，华夏幸福与河北固安政府签订合作协议，共同探索 PPP 模式，使固安县全年财政收入从 2002 年的 1.1 亿元升到了 2016 年的 80.9 亿元。华夏幸福不断创新升级，PPP 模式相继受到国务院、财政部等多个国家主管部门的认可。十几年来，华夏幸福秉持“以产兴城、以城带产、产城融合、城乡一体”的发展理念，打造可持续发展的创新城市，并坚持“产业优先”的核心策略，通过龙头引领、产学研合作、创新驱动、资本驱动等模式，加速产业集聚和升级，为区域经济创新发展和产业转型提供了积极的动力。

融资，对于产业新城运营商来说，是一个永恒的话题，无论是现有新城项目的开发建设与运营，还是异地项目的快速拓展，都离不开强大的资本实力支持。产融结合可以突破传统的业务合作框架，深入产业发展的战略中，促使金融服务更加贴近市场，更加了解产业发展需求，并运用金融自身优势对资源进行合理化配置，从而更好地服务于实体经济。随着企业规模的不断扩大以及发展阶段的变化，企业资产负债率不断提高，对融资来源的多样性也提出了更高的要求。在产融结合的过程中，金融机构需突破产品界限，从企业在不同阶段的综合金融需求出发，创新研究金融产品，并将金融和企业的发展融合在一起，从而优化企业财务结构、带动企业实现良性发展。近几年，随着资本市场开放度的不断提升，产业新城运营商通过公开市场渠道融资的方式也越来越多，融资规模也明显提升，融资成本也得到了有效控制。

第三节　融资渠道创新模式

资金是企业生存与发展的关键要素，融资模式决定了整个经济资本的供给效率以及供给成本。一个多层次的金融市场以及良好的金融体系有助于推动实体经济健康发展。目前，国内许多产业新城运营商虽采用多种融资方式，但大多融资成本高、期限比较短。相对于产业新城开发周期长、资金需求量大等特点存在诸多矛盾，产业新城运营商亟须一种适应产业新城长期建设运营、低成本的融资方式。

一、融资渠道创新模式

1. 产业投资基金

产业投资基金是指一种以非上市股权为主要投资对象的投资基金，通常是对未上市企业进行股权投资并通过资本经营服务参与企业的经营管理，以使所投资企业发展成熟，然后通过股权转让实现资本的增值保值。随着2006年《中华人民共和国合伙企业法》以及2014年《私募投资基金监督管理暂行办法》等法律法规的出台，产业投资基金的组织形式向着多样化的方向发展。

（1）产业投资基金的种类

从产业投资基金的组织形式来看，一般可分为公司型、契约型以及有限合伙型。

①公司型基金一般是依照《公司法》成立的法人实体，它以发行基金股份的方式来筹集资金，然后将这些资金用于投资。与一般公司的治理结构相类似，基金公司的资产所有者为股东投资者，董事会是由股东选举产生的，董事会通过选聘专业的基金管理公司，由其来负责具体的投资业务等。

②契约型基金是指依据信托契约，以发行受益凭证的形式来筹集资金组成信托财产。由于契约型基金不是法人，必须委托专业的基金管理公司来运作基金资产。同时由于基金管理人拥有基金的经营权及所有权，这样就能够灵活自主地对基金进行投资管理。投资者一般不参与管理决策，只是作为信托契约的当事人和产业投资基金的受益者。

③有限合伙型基金通常是由普通合伙人（General Partner，GP）和有限合伙人（Limited Partner，LP）组成。普通合伙人通常自身就是基金管理人，负责对合伙企业的投资进行管理；有限合伙人作为基金的主要投资者，不

直接参与基金的运作管理，但对其运作进行监督，并且在投资活动中只承担有限责任，同时优先享受分红。

（2）产业投资基金的特点

①产业投资基金立足于实业投资。产业投资基金本身不从事产品经营，而是通过直接投资未上市企业股权，运用专业化的资本管理经验来发展企业，从而实现资产的增值保值。

②产业投资基金是一种专业化、机构化、组织化管理的投资资本。它通过专业化的资本运营管理机构，实现资本经营主体的专业化、机构化，是投资资本的高级组织形态。

③产业投资基金投资的目的是通过投资企业来实现资本的增值保值。产业投资基金通过投资来推动企业的快速发展，并且在企业发展到相对成熟阶段后通过各类退出手段，来实现资本的增值收益，从而进行新一轮的产业投资。

④产业投资基金的运营是一个融资与投资相结合的过程。产业投资基金的运作前提是筹集一部分资金，通常这笔资金是以权益资本的形式存在，然后用筹集来的资金收购处于经营状态的企业的资产，并为其提供专业的资本运营管理服务，通过专业化的服务实现企业的快速成长，然后将所购资产进行出售，实现资本的增值保值。例如，2017 年 11 月 10 日，华夏幸福发布公告称，其旗下子公司华夏幸福资本管理有限公司、九通基业投资有限公司拟与北京东富厚德投资管理中心、大业信托有限责任公司以及银华财富资本管理有限公司签署《嘉兴华夏幸福叁号投资合伙企业（有限合伙）合伙协议》，成立中国产业新城基金（京津冀一期）。出资后基金总规模为 75.01 亿元，主要投资范围为固安新兴产业示范区 4.96 平方公里的产业新城建设开发业务以及目标企业股权投资业务。

2. REITs模式

REITs（Real Estate Investment Trusts）又称房地产信托投资基金，是一

种以发行收益凭证的方式将特定多数投资者的资金汇集起来，交由专门的投资管理机构进行房地产投资经营管理，并将投资收益按出资比例分配给投资者的一种信托基金。它产生于20世纪60年代的美国，是一种专营于房地产项目的金融工具。于1970年成立的波士顿房地产公司，在开发和运营中央商务区的A级写字楼方面经验丰富。公司20世纪80年代开始持有写字楼物业，1997年6月以房地产投资信托基金（REITs）的身份在纽约交易所上市以来，回报投资者的年化收益率高达19%。波士顿地产通过出资成立BPLP（Boston Properties Limited Partnership）作为有限合伙企业，由BPLP负责收购并运营管理写字楼等资产，以经营区域A级写字楼为主。正是得益于REITs的优点，波士顿地产的持有物业面积大幅提升。截至2016年年底，波士顿地产拥有170处商业物业，包括164个办公物业、5个零售商场、4个住宅物业资产和1家酒店，净可出租面积合计约443.19万平方米，这些物业主要集中于波士顿、华盛顿、纽约、洛杉矶等区域，出租率高达90.2%，是目前美国最大的写字楼REITs。

2014年1月，证监会批复同意中信证券设立“中信启航专项资产管理计划”，此举也进一步加快了REITs产品推进落地的节奏。同年9月，央行及银监会联合发布的《中国银行业监督管理委员会关于进一步做好住房金融服务工作的通知》，明确指出要“继续支持房地产开发企业的合理融资需求”，其中“积极稳妥开展房地产投资信托基金（REITs）试点”更是《通知》中的重中之重。2015年6月8日，由万科联手鹏华基金发起的国内首只公募REITs获批，意味着公募基金投资范围将拓展到不动产领域。

随着国内房地产市场步入存量时代以及房价持续上涨带来的压力，成交单个物业所需要的资金也越来越多。地产经营造成的资金需求以及购买物业的资金供给之间矛盾日益突出，REITs的推出有其内在需求；在宏观经济去杠杆的大背景下，REITs作为一种成熟的资产证券化产品，在国内有着广阔的应用前景。但由于国内REITs起步比较晚，相关法律法规缺位，暂时无法保障其顺利实施。

（1）REITs 模式的种类

从不同角度考虑，REITs 可以划分为不同的类型。其中最常见的是根据资金的使用方式进行划分，可分为抵押型 REITs、权益型 REITs 以及混合型 REITs 三类。

① 抵押型 REITs 是指投资房地产抵押贷款或者房地产抵押支持证券，它一般先是通过金融机构进行募集资金，然后向房地产企业发放抵押贷款。收入主要来源于以发放抵押贷款形式所收取的手续费、抵押贷款利息以及项目的部分租金和增值收益。

② 权益型 REITs 是指直接投资于房地产项目并拥有该项目所有权。它通常表现为持有一些大型商业地产，通过从事项目经营活动来获取租金收入以及项目的增值收益。市场上流通的 REITs 中绝大多数为权益型，因其能够提供更好的长期投资回报以及更大的流动性，而且其市场价格也相对更稳定。

③ 混合型 REITs 是指拥有部分物业产权的同时进行抵押贷款服务。其收益比较稳定，但其收益没有权益型 REITs 高。主要是因其持有抵押贷款，收益会在一定程度上受市场利率变动的影响。

（2）REITs 特点

① REITs 具有稳定回报率。REITs 的资金投向比较广泛，一般为具有稳定租金现金流的物业，主要表现为写字楼、商场等商业地产。其收入来源主要是经营项目的租金、项目未来增值收益以及房地产相关贷款等。这种投资可以分散风险，能够为投资者提供长期稳定的回报率，且其与股市、债市的相关性较低，受到的波动性较小。

② REITs 具有高度流动性。REITs 本质是一种不动产证券化的基金，通过将房地产这种不动产产品打包为股票或者收益凭证在资本市场上流通，从而弥补了房地产项目本身流动性较差的缺陷。证券化的目的就是为了让不动产进行流动，这也是 REITs 产生的重要意义。

③ REITs 具有集合投资性。REITs 作为一种投资方式，通过向市场发售

收益凭证（或股份），集合众多中小投资者的资金，从而形成强大的社会投资能力，然后凭借自身专业的投资理念参与到房地产项目的投资，最后将投资收益以股息、红利的形式分配给投资者。

3. PPP模式

PPP（Public-Private Partnership），即政府和社会资本合作，它是指政府与私人组织之间为了提供某种公共物品或服务，政府按照一定的程序和方式，与私人组织（社会力量）以政府购买服务合同、特许经营协议为基础，通过签署合同来明确双方的权利和义务，形成一种伙伴式的合作关系，通过发挥各自优势，最终实现使合作各方达到比预期单独行动更为满意的结果。近年来，公私合作模式（PPP）在城市公共基础设施建设中发展较快，而为了拓宽 PPP 项目的融资渠道，国务院及相关部门出台一系列政策措施来鼓励发展 PPP 模式。2014 年 9 月财政部下发《财政部关于推广运用政府和社会资本合作模式有关问题的通知》（76 号文），这是部委级别首次正式提出“政府与社会资本合作”的标准说法，也是首次就 PPP 模式专门发布的框架性指导意见，并对 PPP 模式进行了详细明确的界定；2015 年 3 月 5 日，李克强总理作政府工作报告，首次提出要在基础设施等领域积极推广 PPP 模式；在 2017 年两会政府工作报告中连续第三年提及 PPP，旨在更好地吸引社会资本参与 PPP 项目。作为 PPP 模式的践行者，华夏幸福围绕国家战略精准发力，目前已在京津冀、长江经济带、珠江三角洲以及“一带一路”沿线国家和地区布局 50 余座产业新城，聚焦电子信息、智能制造、新材料、现代服务等十大重点产业，形成了百余个区域级产业集群。

（1）PPP 模式的种类

从广义的层面讲，PPP 应用范围很广，PPP 运作模式主要包括以下几种：

① 建设—经营—转让（BOT: Build-Operate-Transfer），社会资本或项目公司被授权在特定的时间内融资、设计、建造、运营、维护和用户服务等职责，合同期满后项目资产及相关权利等移交给公共部门的合作伙伴。

② 建设—拥有—经营（BOO: Build-Own-Operate），社会资本根据合约建设并经营公共设施以及提供公共服务，等到项目建成后，项目公司不将设施的产权转交给公共部门，而是约定由其继续经营，政府只是购买该项目的服务。这样企业就可以从项目建设和运营中获取相应的回报。

③ 建设—拥有—经营—转让（BOOT: Build-Own-Operate-Transfer），该模式在内容和形式上与 BOT 基本相同，只是项目的产权关系不同。它强调项目设施建成后，社会资本在一定期间内拥有该项目产权，待运营期满，需将该项目及其所有权移交给政府。

④ 设计—建设（DB: Design-Build），社会资本为政府设计及建设公共设施，政府拥有该资产，并且负责经营及维护。

⑤ 建设—转让—经营（BTO: Build-Transfer-Operate），社会资本按照政府规定建设公共设施，完工后将该项目所有权移交给政府，然后政府再授予该民营部门一定的年限来进行经营管理。

⑥ 设计—建设（DB: Design-Build），私营部门为政府设计及建设公共设施，政府拥有该项目，并且负责项目后期的经营与维护。

⑦ 私营部门融资活动（PFI: Private-Finance-Initiative），PFI 是对 BOT 模式的优化，指政府部门根据公共设施项目建设的需求，通过招投标，由获得特许权的私营部门进行项目的建设与运营，私营部门则从政府部门或接受服务方收取费用来回收项目成本。当特许期（通常为 30 年左右）满后，私营部门将该项目完好地、无债务地归还给政府。

（2）PPP 模式的特点

① PPP 是一种新型的项目融资模式。PPP 模式是以项目为主体的融资活动，是项目融资的一种实现形式，融资主要根据项目的预期收益、资产及政府对该项目的扶持力度来进行的。偿还贷款的资金来源主要是项目经营的直接收益以及政府对项目扶持所转化的效益，民营企业的资产和政府给予的有限承诺是贷款的安全保障。

② PPP 融资模式可以吸引社会资本更多地参与到项目中，保证了公共

基础设施的建设和运营效率，提高了项目的预期收益，并降低了风险。如果政府部门来独立进行大型公共基础建设，由于项目多数是资金需求量大、项目周期长、运营管理复杂的大型项目，那么资金和技术问题就可能会影响项目的进度以及效率，而且由于政府特殊的角色，这些项目建成后的运营成本相应会比较大，这样就无法保证运营收益。如果只靠民营部门来进行公共基础建设，项目巨大的资金量及较长的建设周期会使民营部门难以进入此行业。PPP 项目融资模式的实施，不仅解决了政府在技术及运营方面的问题，也为民营部门进入该类项目提供了机会，这在一定程度上会提高此类项目的建设和运营效率，这也正是现行项目融资模式所欠缺的。

③ PPP 模式可以在一定程度上保证社会资本投资收益。民营企业的投资目标是寻找有投资回报的项目，无利可图的项目无法吸引到社会资本。通过采用 PPP 融资模式，政府可以给予民营企业相应的政策扶持，如税收补贴、土地优先开发权、贷款担保等，这些政策都会提高社会资本投资项目建设的积极性。

④ PPP 模式有助于政府转变职能及减轻政府负担。在 PPP 模式下，政府部门和民营企业共同参与项目的建设和运营，民营企业负责项目的融资，这样可能会增加项目的资本金数量，进而降低企业的资产负债率，而且也会降低政府负担。

4. ABS模式

ABS（Asset-Backed Securitization），即资产支持证券。它是以项目所拥有的资产为基础，以项目资产所带来的预期收益为保证，通过在资本市场发行债券来筹集资金的一种融资方式。它是一种以项目所属的资产为支撑的证券化融资方式。

（1）ABS 模式的种类

根据资产支持证券主管部门的不同，可将其分为信贷资产支持证券以及企业资产支持证券。

①信贷资产支持证券。信贷资产证券是指将流动性欠佳但有未来现金流的信贷资产（如企业的应收账款等）经重组后形成资产池，然后以此为基础进行证券的发行。

②企业资产支持证券。企业资产证券是指企业将其流动性欠佳但在未来能够产生现金流的资产，通过重组以及信用增级后真实地出售给特设公司（SPV）等，由其在金融市场上向投资者发行证券的一种融资方式。

（2）ABS 模式的特点

① ABS 是一种结构型的融资模式。它通过构建一个严谨有序的交易架构，由发起人、特设公司（SPV）、资信担保机构、受托银行及投资者等一系列主体构成，在这个复杂有序的结构中，破产隔离成为现实，保证参与整个交易的各方均能够享有各自的权益，并且促使整个金融体系实现良性的运作。

② ABS 是一种以资产支持型的融资模式。资产证券化创造了有别于企业商业信用、银行信用的资产信用模式，它是依靠资金需求者的部分特定资产所产生的未来收益能力进行融资的，将该资产的债权转化为担保证券发行的流动的信用资产，并通过证券化资产所产生的现金流进行权益偿付。

③ ABS 是一种表外融资模式。表外融资是一种非负债型融资模式，即不在企业的财务报表上体现所交易的资产及发行的证券的一种融资方式。由于发起人将特定资产真实出售给特设公司（SPV），这样发起人将证券化的资产从其资产负债表中剔除并确认收益与损失，融资来的资金应视为销售收入而非负债，这样就可以实现“出表”。

5. 夹层融资

夹层融资（Mezzanine Financing）是指在风险和回报方面介于优先债务和股本融资之间的一种融资形式，是企业通过夹层资本获得资金的一种新途径。夹层融资一般采用次级贷款、可转换票据或者优先股的方式。从融资成本来看，这种融资的稀释程度要小于股市，所以相对于股权融资来说，成本更低。它是一种无担保的长期债务，收益不及优先债务，但风险相对可控。2016 年 10 月 8 日，上海多个部门出台多项调控政策来规范房地产企业土地融资，同时上海多家银行叫停了针对土地市场的“夹层融资”。这主要是因为银行理财资金通过“夹层融资”进入土地市场，是推高地价的一个重要源头。夹层融资已经被许多发达国家资本市场所认可，在国外实践中，它通常是以产业基金的形式存在的，并设有专门的夹层投资基金，但国内尚未出台产业基金法，没有可参考的法律法规。由于夹层融资在融资方面的优势，往往可以帮助企业优化资产结构。随着国内银行贷款受限及融资渠道亟须拓宽的诉求，夹层融资未来在我国的发展会有一定的潜力。

（1）夹层融资的种类

国内由金融机构参与的房地产夹层融资的模式，一般分优先股融资和夹层债融资模式。

①优先股融资模式。通常情况下，投资者通过借出资金来获取一定的优先股，并享有优先收益权。通常情况下，投资者比其他投资者优先获取权益，即便出现违约事件，也会优先获取权益。

②夹层债融资模式。夹层债融资是指夹层借款人以其对项目的所有者权益作为保障债款偿还的融资模式，并非以项目资产作为抵押。通过设置一系列约束性条件可以使得夹层投资者的权益高于普通股权而低于债券，这样可以保证一旦发生清偿违约，夹层投资者可以比股权人优先受偿，最大程度保障夹层投资者权益。

（2）夹层融资的特点

①融资期限长。夹层融资的还款期限较长，这样可以大大缓解企业获取长期贷款及发行债券筹集长期债务难的压力。

②融资方式灵活性高。由于夹层融资具有融合债权和股权的双重特征，这样就能够非常灵活地进行债权和股权特征的设计，来满足投资者及借款者的不同需求，从而实现供求双方资金利益关系的平衡。出于对夹层资金提供方风险的补偿，通常还允许其一部分融资额转换成融资方的股权。

③对夹层借款人的限制相对较少。与银行贷款相比，采取夹层融资的模式，夹层借款人可以有效降低自有资金占比，充分发挥财务杠杆作用。通常，夹层融资的出资方要求保留有对企业经营情况的知悉权，但一般情况下，很少参与到企业实际的经营活动中去，所以借款企业能够在企业控制和财务约束等方面比股权融资获得更大的自由。

④财务结构得到优化。夹层融资亦债亦股的双重属性使其可以根据需要进行灵活选择。根据借款双方的约定，夹层借款者可以调整还款方式。当夹层融资呈现为债务属性时，借款方所支付的是利息而非股利，可以达到抵扣所得税的作用；而当呈现为股权融资的属性时，融入资金可以增加企业的所有者权益，降低企业负债率，从而达到优化财务结构的目的。

二、把握创新融资模式

企业的发展离不开金融的支持，发达的金融服务对其发展起着重要的助推作用，助力其实现业务的拓展。但对于产业新城运营商来说，如何提高自身的融资能力，尚存较大的发展空间，这就需要企业去做好以下几项。

1. 整合企业资源，拓宽融资渠道

要想实现企业融资规模大、成本低的目标，就需要优化公司融资组合结构，积极拓展国内外基金、信托、证券等各类融资方式，构建以直接融资为主的多元化融资平台。同时，需要建立公司健康的财务结构。积极关注金融市场动态，在国家政策允许的范围内，大胆尝试新型金融工具，拓宽企业融资渠道。2016 年 12 月 21 日，发改委与证监会联合发布《关于推进传统基础设施领域政府和社会资本合作（PPP）项目资产证券化相关工作的通知》，这是发改委和证监会首次联合发文力推 PPP+ABS 的创新融资模式，标志着 PPP 项目资产证券化正式启动。2017 年 6 月 7 日，财政部、中国人民银行和中国证监会联合发布《关于规范开展政府和社会资本合作项

目资产证券化有关事宜的通知》，提出 PPP 项目公司在建设期也可以探索开展资产证券化，推动不动产投资信托基金（REITs）发展，鼓励各类市场资金投资 PPP 项目资产证券化产品。2017 年 3 月，华夏幸福固安产业新城新型城镇化 PPP 项目供热收费收益权资产支持专项计划获上交所批准，成为首批 PPP 项目资产证券化中唯一一单园区 PPP 项目资产支持专项计划。此举将进一步帮助企业降低融资成本、盘活存量资产、提高资金周转效率。而当下在房地产融资环境收紧的形势下，“PPP+ 资产证券化”模式为企业融资开辟了新的道路。随着国家不断出台政策，PPP+REITs、PPP 产业基金等融资创新模式也将是未来的一种发展趋势。

2. 打造专业团队，通过特色模式吸引融资

融资本质上就是资源的获取，专业知识及素养对融资资源的获取起着重要的作用。企业应该积极打造专业的融资团队，发挥产业凝聚力优势，着力打造符合自身发展需要的个性化融资产品。企业可以根据自身特色，在产业地产开发中形成自己独特的专长。比如有些擅长与媒介进行沟通的企业，可以专注打造文化创意类型的产业地产，有些依托高科技互联网产业，重点打造高新技术产业新城，有些则抓住城际机遇契机，打造交通产业新区等等。这些专业化的运营商可以积极发挥自身产业优势，加强与自身发展战略相类似的企业合作，通过合作吸引投资方资金，拓宽多元化发展的模式。

产业新城发展的关键是资金，为保证产业新城的发展，产业新城运营商应该根据自身发展特色选择相适应的融资模式。由于产业新城自身的开发周期长、资金需求量大、收益稳定等特点，可持续发展的融资模式必将成为运营商发展的最优选择。

第八章　产业新城未来发展趋势

随着产业新城模式在中国的不断实践，涌现出了一批具备市场化竞争力的产业新城及优秀运营商。值得注意的是，目前全球经济复苏中的不稳定因素仍然很多，资源、劳动力、物流等成本上涨推高制造业成本，中国经济进入新常态，经济面临更加深刻的结构调整，经济发展需要从要素驱动转型为创新驱动，产业新城运营的轻资产模式强化，布局将更加合理，其盈利模式也越来越侧重长周期性。在未来产业新城的发展中，提高土地利用效率，创新市场运作模式，实现资源共享以及产城紧密融合等将成为未来产业新城发展趋势。

第一节　产城融合，可持续发展，提高土地利用效率

产城高度融合是产城一体化的重要方向，十九大提出实施区域协调发展战略，以城市群为主体构建大中小城市和小城镇协调发展的城镇格局。此举有助于加速推进新型城镇化建设，推动新型城市发展、加快培育新生中小城市、促进产城融合发展。随着“一带一路”、“中国制造 2025”、“互联网 +”等战略的稳步实施与加快推进，中国产业结构不断优化和调整，产业新城作为“双创”载体和中国经济转型升级的引擎，在推动中国经济发展中发挥着日益重要的作用。

一、以人为本：推动产城融合发展

而随着产业新城规模不断扩大，也出现诸多问题，尤其是产业与城市功能不匹配、不协调带来的“有城无产”、“产强城弱”的问题较为普遍。新型城镇化注重“以人为本”，其实质是以人为中心，以产业发展为动力，实现生产要素向城镇集聚、农业人口生活方式向城镇化转变，形成规模经济，进而影响地域空间结构演变，实现由传统社会向现代文明社会的全面升级。而对于产业新城而言，随着产业结构的优化升级，城市特有的信息优势、科技优势、综合服务能力和城市活力将成为促进产业发展的重要因素。因此，产城融合仍是新城发展的目标方向。

大部分产业新城初期比较注重产业发展，而城市商业和居住配套建设相对滞后，因此容易出现产业新城内居住商业休闲环境不佳、就业人群潮汐现象严重等产城脱节的问题，从而使得企业对人才的吸引力受限。而随着产业新城的不断发展，入驻企业和就业人口的总量和结构都不断升级，对产业新城内生活服务配套的数量和层级也都提出了更高的要求。由于我国大部分产业新城项目还处于建设阶段，生活配套设施主要集中在满足就业人群日常生活需要上，功能配套的完整性仍有待加强。因此，未来城市配套设施建设需要提升产业新城内生活服务配套设施的品质，并针对不同生活圈内的就业人群提供差异化的配套设施，丰富就业人群的精神文化需求，满足其不同层次的服务需求，实现多层次差异化的精准对接，从而进一步促进产城融合发展。

二、生态智慧：实现持续健康发展

随着中国工业化和城镇化建设的全面推进，传统的社会经济增长方式出现“天花板”效应，交通拥堵、环境污染、食品安全等各种被称为“城市病”的社会问题日益突出。在此背景下，从 2009 年开始，随着新一代信息技术特别是 RFID、数据采集、精密传感器、4G、云计算、下一代互联网、

GIS、大数据等方面的广泛兴起，国内外城市信息化进入高级阶段，“智慧城市”的概念和模式应运而生。从理论层面看，智慧城市是高度信息化、网络化、智能化的城市发展形态，能对城市内的人员、设施、环境等实施精确的监控、管理、操作，从而有效提高各类资源利用率和社会服务管理水平，改善人与社会和自然间的关系。从实践层面看，智慧城市不仅仅是“城市信息化”和“数字城市”等概念的延伸扩展，还反映出社会各界对未来城市更智能、更绿色、更协调的美好愿望，是中国推动工业化信息化两化融合、促进城镇化健康发展和城市转型升级的战略选择。2012 年 5 月工信部发布《关于征求智慧城市评估指标体系意见的通知》，同年 11 月住建部正式发布了《关于开展国家智慧城市试点工作的通知》和《国家智慧城市（区、镇）试点指标体系》，国家部委开始推动国家级智慧城市试点申报工作。2013 年 8 月国务院出台《关于促进信息消费扩大内需的若干意见》，提出“加快智慧城市建设”，“支持公用设备设施的智能化改造升级，加快实施智能电网、智能交通”。把培育智慧产业作为智慧新城建设的立足点和落脚点，以产业发展带动新城乃至城市经济发展。

智慧新城与传统城区最大的区别在于注重培育发展智慧产业并加以推广应用，积极推动科技创新和产业转型升级。未来受语言、手势甚至眼神和意念等交互方式和虚拟现实、深度学习技术创新推动，物联网与人工智能的融合将成为工业 4.0 和智慧产业发展的主导模式，从而建立智慧的经济发展模式和社会生态系统。传统商贸业转型升级以功能区建设为依托，以电子商务产业园、跨境贸易产业园建设为重点，提升商贸服务业的规模效应和品质层次，积极培育以软件和信息服务业为代表的信息技术产业。推动软件和信息服务业与智慧新城建设之间深度融合，加快企业核心技术和战略性技术的研发，提高相关产业的创新能力，推动区域经济转型升级。

三、布局合理：提高土地利用效率

随着中国城市规模的不断扩大，部分新城新区建设过度追求物理空间建设，严重浪费土地空间的现象较为普遍，城市建设逆集约化现象日益突出。国土部发布的《全国土地整治规划（2016～2020年）》明确要坚持以人为本，按照有利于提高节约集约用地和提升城镇发展质量的要求，围绕城市产业结构调整、功能提升和人居环境改善，合理确定城镇低效用地再开发范围。因此，未来新城规划建设应始终坚持集约节约利用土地的原则，实行严格的土地审批制度，优化新城的功能布局，提倡土地的复合开发利用，提高土地的利用效率。

土地和生态资源的日益稀缺使得高效利用土地成为未来发展的必然趋势。产业新城的发展模式也必将逐渐从外延式扩张向创新驱动的内涵型发展方式转变。在产业新城规划中，将更加注重与产业发展的互动，空间布局更多地结合产业特征进行规划，经济活动与生产要素通过合理的空间流向，使土地承载的产业活动在空间的选择上更趋于合理化。由于在产业链的不同部门里，各个环节既有分工又有协作，因此，需要分析清楚各个产业环节之间的关联性。由于部分生产部门有其自身特殊的区域需求，需要具备一定的交通条件、环境条件或者公共设施配套，这也需要在规划布局中合理安排。另外，空间布局还需要具备一定的灵活性，这样才能应对未来产业发展的不确定性。一方面需要具有预见性，对产业未来的发展留有空间，另一方面，空间布局留有一定的调整空间，以适应未来新的产业发展要求，从而使得空间布局与产业发展在一定程度上达到的动态平衡。

此外，注重保护非建设用地及生态环境，依附交通轴的纵横和交通枢纽的节点发展，产业升级与产业机构优化是持续作用力，优化战略布局是产城融合制胜需求。借鉴东京、新加坡，实施立体城市模式也是提高空间利用效率、走出融合瓶颈的重要方式。实施立体城市模式的关键，在于根据城市功能板块的需求，统筹布局、集约运营城市各类资源。通过竖向发展、大疏大密、产城一体、资源集约、绿色交通、智慧管理等规划发展，完善城市化布局和形态，改善城市低密度分散化倾向，提升城市密集度，提高城市土地使用效率。从国内外经验来看，立体城市的开发主体主要是城市运营商，在城市总规、详规、绿规等框架下，在政府管理部门的监督下，由城市运营企业统筹整合各类生产生活功能资源，其结果不仅更加贴近城市居民需求，而且成本低、效率高。

第二节　创新驱动，促进产业发展，注重发展质量

我国正加快战略性新兴产业布局和传统产业改造升级，不断调整和优化产业结构，能否真正实现以创新引领产业转型升级，将决定着我国“十三五”乃至中长期战略目标能否顺利实现。于运营商而言，创新驱动，一方面是产业新城运营商自身的创新发展，包括运作模式的创新、产业创新驱动力的提升、服务与配套创新等内容，另一方面是产业新城内企业创新要素的投入。

一、模式创新：借力PPP等市场化运作模式

目前，PPP 模式已介入城市基础设施、公共服务等领域，拓宽了融资渠道，是激发民间资本活力、形成新的经济增长点的重要途径。近年来，政府大力推广政府和社会资本合作（PPP）模式，鼓励项目直接融资，2016 年末，国务院部委首次发文启动 PPP 项目资产证券化，2017 年 2 月，国务院再次提出探索多元化的开发区运营模式，鼓励以政府和社会资本合作（PPP）模式进行开发区公共服务、基础设施类项目建设，鼓励社会资本在现有的开发区中投资建设、运营特色产业园，积极探索合作办园的发展模式等。而资产证券化作为一种创新融资方式，将有助于盘活 PPP 项目存量资产，拓宽融资渠道，有效降低融资成本，提高 PPP 项目资产流动性，更好地吸引社会资本参与 PPP 项目建设，推进 PPP 项目建设具有重要意义。同时，PPP 采用综合开发模式，对整体区域进行统筹规划，可有效降低管理成本和资金成本，提升公共设施建设的速度及运营效率。例如，华夏幸福打造的固安产业新城项目作为 PPP 模式的范本，是在固安县政府和企业建立了平等、契约、诚信、共赢机制的基础上开发建设的，从而保证了固安产业新

城建设运营的可持续性。2017年3月，首批PPP资产证券化正式落地，华夏幸福ABS获准发行，拟发行金额7.06亿元，这也标志着PPP投融资体系建设和完善拉开序幕，对于我国PPP模式持续健康发展具有重要意义。以华夏幸福倡导的以创新升级为驱动力的“政府主导、企业运作、合作共赢”的PPP运作模式，有助于实现区域的经济发展，提升区域综合发展水平。未来，随着资产证券化等各种融资模式在PPP领域的进一步推广，将会吸引更多社会资金投入到产业新城建设当中，加快我国产业新城的建设步伐，提升产业新城发展模式在我国的渗透率，大大提高我国的城镇化发展效率。

总体来看，中国PPP模式还处于探索阶段，虽然略有成效但问题尚存。随着中国政府部门风险共担及立法意识的加强，未来社会化开发模式将逐步走向成熟，新的PPP开发也会广泛介入城镇化建设的各个领域，如轨道交通、智慧城市建设等，未来PPP开发模式有望得到进一步推广。

二、资源整合：建立要素流动通道，构建平台与圈层

在经济下行压力加大的“新常态”背景下，中国经济增长的着力点发生改变，市场化资源配置将在经济发展中起到决定性作用，资源和信息将被重新组合及利用，传统产业新城的招商、租售模式面临挑战。随着资源互通、信息共享速度的加快，具有资源整合与嫁接能力的运营商将拥有更加明显的优势，来推动产业新城运营模式的升级。

产业新城内产业资源平台、客户信息平台等平台化模式将更为普遍，产业资源流、信息流的互动将更加频繁。传统运营商更多地采取线下运营、粗放经营的方式，资源利用效率较低。随着中国供给侧改革的推动，产业新城运营商将更多的依托平台资源，通过资源跨界融合提升运营效率，发挥各业务模块优势。不少企业开始建立企业资源库、产业联盟等嫁接客户资源，并将互联网、物联网应用于运营的各个环节，招商资源向线上转移，充分整合了供应链资源和客户资源。

要构建产业新城体系，激发创新创业活力，融合发展形成新的产业发

展脉络，不仅要在资本上具有竞争力，同时也要拥有强大的资源平台，以保障企业的可持续经营和创新能力。而以资本为纽带，将产业链相关合作伙伴捆绑成利益共同体无疑是一个较为有效的方式。

未来产业新城将最大限度、开放性地整合优质资源，建立要素流动通道，搭建平台，使各主体之间产业信息、产业资源更加频繁地交互，形成互动循环的内生系统，实现各方利益最大化。

三、轻重并举：产业新城运营的轻资产模式强化

产业新城的开发建设同时涉及产业发展与城市建设，中间流程和环节较复杂，既包括产业载体的建设，又包括市政设施、住宅配套建设以及产业新城的运营服务，开发周期长，需要大量资金支持，运营商初期资产模式偏重在所难免，但越来越多的运营主体开始尝试和探索产业新城运营的轻资产模式。亿达中国以咨询、委托运营等模式，面向当地政府及其他开发商所拥有的园区项目提供运营管理服务，包括项目选址、产品定位、招商运营等。通过轻资产模式，亿达中国初步实现了全国化布局。

对于产业新城来说，无论是对政府还是企业客户来说，重资产的空间载体仅仅是产业新城发展的基础，在此基础上新城提供的运营、管理、金融、服务、孵化、资源整合、构建的平台和圈层才是他们的需求关键。轻资产模式可以借助较小的资金以及承担较低的风险实现产业新城的规模化布局，也可以培育新的盈利增长点。因此，未来产业新城的运营需要更多地进行轻资产探索，并尝试输出运营管理服务。产业新城运营主体需要从单纯的土地和物业开发转向开发、运营、服务并重，由重资产模式向轻重并举转型，这也更加符合产业新城的运营本质。

四、服务为王：盈利模式侧重长周期、可持续性

未来，产业新城的盈利模式将越来越侧重长周期性，运营主体应着眼于长期的可持续收益，运用长期运营来平衡短期资金难题，将关注点转向

产业运营收益，如产业投资收益、税收分成、招商回报、孵化收益等。例如，华夏幸福根据企业入园前后的实际需求，为其搭建专业的咨询服务、行业服务、审批服务与生活服务四大平台，为入驻企业提供高效对接政府的服务，对接华夏幸福的载体空间、产业集群、金融资源和物业的服务，对接华夏幸福战略合作伙伴提供的人才引培、法律财税、规划咨询等第三方企业的服务等。华夏幸福以服务为核心的招商模式，为企业提供了个性化的专业服务，有助于提高入驻企业的粘聚性。而张江高科通过为入驻企业提供股权投资、创业孵化、企业咨询、企业金融服务，组建投贷联动、创业陪练等创业服务联盟，增值业务再创新高，收入结构出现明显变化。不少运营商从产业增值服务、创新科技服务、创新品牌入手，增值服务收入比重逐步加大，收入来源趋于多元化。

整体来看，未来运营商将从产业增值服务、服务软实力等方面入手，加大创新创业孵化服务、融资服务、股权投资等业务的拓展。随着运营业务的精细化拓展，将不断衍生新的增值服务，产业新城运营商的收入来源也将更加多元化，收入结构将更加平衡，真正实现产业新城盈利模式的可持续性。

第三节　区域分布，紧跟国家战略，多方联合促发展

在我国推进“三大战略”和“四大板块”发展战略以及不断发展“一带一路”建设的背景下，不少优秀产业新城运营商已紧扣国家战略发展机遇，以享受城市群协同发展、城市群中心城市带动及外溢辐射以及“一带一路”战略带来的发展利好，产业新城的区域分布也将随着国家战略的实施有所侧重。另外，产业新城的开发建设牵涉到多个维度，而不同运营商所擅长的领域亦有差异，在开放的市场环境下，运营商之间各取所长，共享利益，共担风险，共同推动产业新城的发展升级。

一、布局加速：紧随国家战略发展机遇，三大战略区域成布局热点

李克强总理在2017年政府工作报告中指出，我国将围绕着推进“三大战略”和“四大板块”发展，不断优化区域发展格局。同时，近年来国家不断出台规划及政策推进“一带一路”建设，促进沿线国家及区域发展。在此背景下，优秀运营商紧随国家战略发展机遇，产业新城项目区域布局越发明晰，其纷纷将目光锁定京津冀、长江经济带两大区域，实力雄厚的企业开始谋求在“一带一路”沿线国家和地区开启国际化战略布局，此外，运营商布局还集中于珠三角地区、具备产业发展优势的重点城市或自身已进入的城市。

如招商蛇口加速在三大都市圈等经济发达且配套相对完善的区域布局，积极将蛇口模式对外复制，北京台湖、东莞长安等产业新城项目也在有序推进中，在国家和招商局集团“一带一路”的战略部署下，公司也将积极拓展海外业务。华夏幸福在京津冀协同发展的大格局下，牢牢把握市场空间，巩固布局核心区域。此外，随着公司不断地发展与积淀，华夏幸福逐步将成熟的产业新城模式复制至其他核心都市圈，加快了长江经济带、珠三角、成渝等区域的布局速度。2013年进军长三角，2016年进军珠三角，同时2016年还以产业小镇为切入点，进一步拓展了长三角的布局。截至2016年末，华夏幸福在上述区域范围内广泛布局并已签订产业新城PPP协议30余个、签署多份产业小镇合作备忘录。在国家大力推行新型城镇化的背景下，“产业新城”势必成为未来中国经济发展的重要抓手，华夏幸福在国内布局先发优势明显。同时，公司积极响应“一带一路”战略，加速拓展具有产业合作潜力的重点国家，有序开展国际化战略。在2016年下半年，公司完成印度、越南、埃及等一带一路沿线重要国家的产业新城布局，公司已进入全球5个城市，印尼项目已正式开工，其环绕国内外超一线城市的产业新城集群初步形成。截至2017年，华夏幸福已在京津冀、长江经济带、

珠江三角洲及“一带一路”沿线的70余个区域布局产业新城。泰达股份集中各产业力量融入京津冀协同发展、滨海新区开发开放、“一带一路”建设。深圳天安数码城形成“两洲两圈”的战略布局，其中“两洲”是珠江三角洲和长江三角洲，“两圈”是环渤海经济圈和成渝经济圈。

产业新城承担着区域经济转型以及城市竞争力提升的重任，能有效帮助所在区域实现综合实力的提升。未来，受益于城市群协同发展、城市群中心城市带动及外溢辐射，以及“一带一路”战略带来的发展利好，城市群重点城市及大城市周边县域、一带一路沿线国家及区域将拥有产业新城发展的巨大机遇。另外，十九大提出实施区域协调发展战略，支持资源型地区经济转型发展，加大力度支持革命老区、民族地区、边疆地区、贫困地区加快发展，强化举措推进西部大开发形成新格局，深化改革加快东北等老工业基地振兴，发挥优势推动中部地区崛起，创新引领率先实现东部地区优化发展，建立更加有效的区域协调发展新机制。随着区域协调发展战略的持续深入，未来将会有更多产业政策倾向，加快区域经济的转型升级。同时，十九大提出实施乡村振兴战略，建立健全城乡融合发展体制机制和政策体系，加快推进农业农村现代化，促进农村一二三产业融合发展。受益于此，部分乡村亦存在构建产业链的机遇，且农地土地承包到期后再延长三十年，在区域协调发展下，将为产业新城发展提供一定的土地资源保障。

二、强强联合：实现资源共享，共同推进产业新城的发展升级

产业新城作为区域经济发展的引擎和人民安居乐业的依托，正积极助推中国经济转型升级以及新型城镇化的快速发展。而产业新城运营商作为产业新城建设运营的中坚力量，在发展过程中通过整合多方资源、搭建高效平台，共同推进新城内产业、经济发展及区域价值的快速提升。未来，产业新城的发展，除了具有不同优势的产业新城运营商之间相互合作互补外，还可通过与其他专业领域的领头企业强强联合，实现资源共享，共同推进产业新城的发展升级。目前，已有部分产业新城运营商开始着手与其他领域的

品牌企业合作，共同提升产业新城的发展价值。例如，2015 年 12 月，华夏幸福收购火炬孵化是华夏幸福在产业新城业务战略并购的开端，充分体现了企业资本融合促进产业升级的发展脉络。华夏幸福与火炬孵化在战略布局、创新业态、业务能力、品牌资源等方面高度的协同互补性，将创造 1+1 ＞ 2 的多维裂变效应。2016 年 7 月，华夏幸福收购伙伴公司，依靠伙伴公司的产业地产大数据，更准确、高效地把握不同区域企业成长、产业转移的数据，有利于华夏幸福在全国范围内的规划布局，双方合作将助推华夏幸福更高效地以产兴城、以城带产，提升产业新城运营能力。2016 年 10 月，华夏幸福与康威国际达成战略合作伙伴关系，凭借康威国际的大数据和跨国公司资源，将助推华夏幸福产业新城更加科学、精准地引入更多全球知名公司，从而进一步带动产业升级。2017 年 4 月，华夏幸福与华为正式签署战略合作协议，共同推动华夏幸福产业新城中智慧城市、智慧园区、智慧社区等业务的发展，并将以“智慧大厂”项目作为切入点，实现产业新城向智慧城市的迈进。2014 年，腾讯入股华南城后，共同开展 O2O 商业模式，多元化业务也促进了华南城商贸流通与服务收入。2016 年，华南城与京东签订战略合作协议，双方拟围绕国家“互联网 +”战略，确定建立 B2B 及其他领域的长期、全面的合作关系，实现优势资源共享，共同推进产业新城的发展升级。

未来，随着产业新城发展的进一步深化，企业需求也越来越多样化。产业新城运营商可以和具有不同优势的产业新城运营商之间进行合作，通过借助自身优势，强强合作，各取所长、共担风险、共享利益，实现优势互补。同时，要加强与相关领域的领头企业进行合作、实现资源共享，共同促进产业新城的转型发展升级。

第三篇
产业新城运营实践案例

本篇系统梳理了国内外典型产业新城运营实践案例，从优秀运营商的实践经验出发，对前述产业新城发展维度进行验证，树立产业新城运营商发展榜样，为行业提供经验借鉴。

第九章　美国尔湾生态新城
——良好人居环境的新城典范

美国尔湾生态新城位于美国西岸的加利福尼亚州，占地 88 平方公里，隶属于大洛杉矶地区，距洛杉矶市中心 64 公里、洛杉矶国际机场 72 公里、洛杉矶港 56 公里，由 7 条主要高速公路与橙县内的其他城市相连接。作为大洛杉矶地区新兴边缘城市快速发展的代表，在大洛杉矶全球区域的形成过程中，尔湾生态新城逐渐成为众多中小型科技企业的聚集地和企业总部所在地，成为专业技术服务、教育服务和计算机及电子产业集群发展的新产业空间。而且，作为美国最安全与极具吸引力的第五代城市，其优质的教育资源和治安服务，以及生机勃勃的商业环境，得到了国内外的广泛认可，并不断吸引大量人口集聚。

尔湾原本是由尔湾公司掌管的农场，于 1971 年 12 月建市，最早依托于加州大学尔湾分校的设立，之后经过详细周密的规划，在大学周边形成居住社区。在发展过程中，尔湾倡导生态环境、人类生活与经济增长的和谐与共赢，为科技产业、生活、工作创造适宜的城市环境。随着全球科技人才定居于此，逐渐促进了城市文化的升级和物质空间的改善，文化活动的多样性和人口的多种族分布，使尔湾成为一个全球化多元发展的新城。经过 40 多年的不断发展，尔湾已经发展成美国极具吸引力的中型城市，并成为加州重要的经济城市、洛杉矶大都市区的重要组成部分和开发区产城融合发展的典型案例。

第一节　优良的交通自然环境，促进尔湾新城的萌芽

在1950～1960年的美国战后经济复苏期，洛杉矶市的发展空间越来越有限，伴随着高速公路网络的逐步建立完善，区域中心逐渐向外转移，尔湾凭借其良好的区位优势、交通条件和自然环境，吸引了一批高新技术企业和高素质科技人才入驻，并且逐渐成为众多中小型科技企业的聚集地和企业总部所在地。

一、尔湾形成背景

20世纪70年代以来，随着全球化与后福特主义的发展，美国经历了传统中心城市的衰落以及新型边缘城市兴起的过程，尔湾则依托加州大学尔湾分校、良好的城市管理和高素质的生活环境，吸引了一批高新技术企业以及人才的入驻，并且逐渐成为众多企业的聚集地。而大洛杉矶地区的国际经济影响力、发达的高速公路和港口等基础设施、多元文化优势、丰富又廉价的移民资源，给尔湾产业发展、人口集聚和城市建设带来持续的动力。

尔湾原本是由尔湾公司掌管的农场，位于橙县的中心位置，于1971年12月建市。其最早依托于加州大学尔湾分校的设立，之后经过详细周密的规划，在大学周边形成居住社区。在发展过程中，尔湾倡导生态环境、人类生活与经济增长的和谐与共赢，为科技产业、生活、工作创造适宜的城市环境。随着全球科技人才定居于此，逐渐促进了城市文化的升级和物质空间的改善，文化活动的多样性和人口的多种族分布，使得尔湾成为一个全球化多元发展的新城。经过多年的不断发展，州际5号和州际405号高速公路打通了尔湾与洛杉矶之间的快速通道，使其快速融入大洛杉矶发达的交通系统和国际经济体系之中。尔湾也逐渐发展成美国极具吸引力的中型城市，并成为加州重要的经济城市、洛杉矶大都市区的重要组成部分和开发区产城融合发展的典型案例。

二、以规划为引导，实现各功能融合发展

尔湾公司依托全球和大洛杉矶地区的发展，凭借其长远性整体开发的理念成就了尔湾生态新城的成功。在规划的引导下，尔湾市从最初的牧场发展到现在的全美极具吸引力的生态新城，完美实现了在创始之初的发展目标——一个工作、居住、学习和休闲活动相平衡，有机融入本地优美自然环境之中的高品质社区。尔湾作为美国最安全、规划最完善、自然环境最优美、便于开展商务商业活动的最佳区域，吸引了大量的居民和企业进入，成为橙县的高科技产业中心。

尔湾所在区域最初是一片牧场，1894 年成立尔湾公司开始进行公司化运作，主营业务逐渐从养殖业向种植玉米、橄榄油和柑橘等转型，逐渐成为全国闻名的农场。20 世纪 50 年代，随着洛杉矶城市不断向南蔓延发展至橙县，加州大学也有意在此建设新校区。随着人口迅速增长，住房、就业需求的不断加大，促使尔湾从农场向城市转变。加州大学聘请的规划师和尔湾公司的规划者们一起在新校区周边规划了一个可容纳 5 万人口的城市，包括工业区、商业区、休闲区和绿地等。1960 年，围绕加州大学尔湾分校规划的新社区能容纳 10 万居民，沿海岸覆盖 121.5 平方公里的土地。1964 年，橙县政府批准了这一规划，1965 年，加州大学尔湾校区正式启用，1970 年，“西尔湾工业区”对外开放，住宅区陆续在校区周围建成。

在 1971 年建市后，尔湾公司与市政府合作，以尔湾市的长远发展为共同目标，对尔湾有序地进行整体性城市开发，确保住房、道路、学校、商业中心的同步建设。尔湾市民也积极参与到城市的总体规划之中，向居民提供高品质生活已然成为城市的发展目标。1977 年，尔湾公司易主，使尔湾地区开发规模缩小，但也让尔湾的规划和设计功能从公司分离出来，从而开始了城市发展规划的新征程。1980 年，尔湾的开发接受环保主义的理念，保存了超过农场一半以上的开放空间，城市发展也主要围绕着各种自然栖息保护地、生态公园及开放空间等。尔湾通过大规模的城市公园与生

态保护区的建设，努力把尔湾建成人与自然和谐相处的生态之城、产业之城。随着自然环境和交通条件的不断改善，再加上来自洛杉矶向外转移的人口和产业红利，尔湾迅速成长起来。

进入21世纪，尔湾不断提升城市的发展竞争力，依托加州大学尔湾分校等一流的高等院校，以及良好的城市管理和高品质的生活环境，吸引了大量高新技术企业和高素质科技人才队伍，不少著名跨国公司纷纷将总部迁至尔湾。尔湾也由当年起步时的“西尔湾工业区”演变为商业中心，获得“第二硅谷”的美名。尔湾生态新城也不断完善和提升，安全的生活环境、便捷的交通运输、良性竞争的商业氛围、正规完善的教育机构与和睦相处的生活方式，不断吸引着人口和产业的聚集，并逐步发展成“加州的科技海岸”。除了高科技产业外，尔湾还吸引了众多制造业和第三产业的聚集，多元化的产业结构，使尔湾能够持续健康快速的发展。

第二节　拥有“第二硅谷”之称的生态新城

尔湾生态新城的投资开发是在完全市场主导下完成的，以市场化的运作机制带动城市发展升级，实现了城市健康良性的可持续发展。为了让城市发展与环境、居住舒适度等各个方面能保持良好的平衡关系，其在开发过程中一直不断强化长远性整体开发的理念：提倡环保理念，尊重自然的原生生态空间格局，使城市发展与生态环境保持良好的平衡关系。此外，尔湾便捷完善的城市配套和良好的人居环境，也吸引了大量的人口入驻。

1. 市场化运作机制带动城市发展升级，实现了城市的可持续发展

尔湾生态新城的投资开发是在完全市场主导下完成的，政府在建市后正式成立，市场导向是城市发展的政策起点，政府的所有决策都来自于市场，并回归于市场。市场化的运作使整个城市的规划建设一直朝着市场接受的

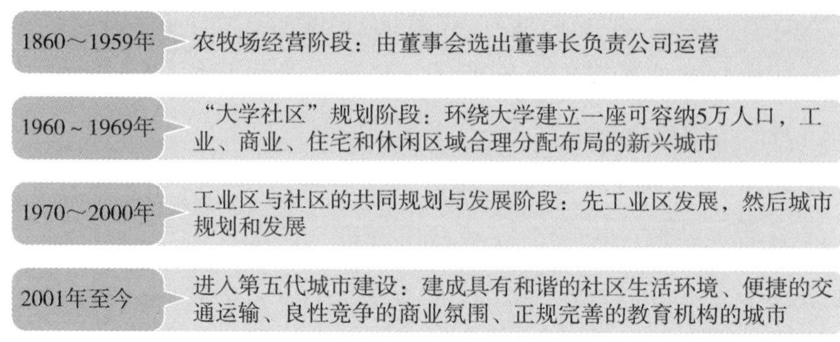

图 9-1　尔湾市产城融合发展历程

资料来源：中国指数研究院综合整理。

方向发展。尔湾公司既是尔湾市最大的土地所有者，又是尔湾市开发的策划者和开发者。尔湾公司始终以提高居民的生活品质为目标，通过与政府共同努力，在周密的规划和长期愿景的指导下，富有远见地开创一个工作、居住、学习与休闲生活相平衡，有机融入本地优美自然环境之中的高品质社区。

以市场为导向的投资机制使开发商意识到基础设施建设以及公共设施配套的重要性。商业、休闲娱乐设施的完善不但吸引了居住人群，其自身运营也实现了较高的利润。因此尔湾的规划者和建设者们不断地更新完善居住规划、交通系统规划、区域布局规划、公共配套规划等等，最终形成了一个多样化的住宅空间、便利的社区服务设施、安全的生活环境、丰富的商业配套、正规完善的教育体系、开阔的绿化休闲空间等等，从而不断吸引着人口和产业的聚集。此外，严格的听证程序发挥了公众在尔湾城市发展中的积极作用，使其参与到尔湾市的发展决策中，保障了各方利益平衡。

2. 便捷完善的城市配套和良好的人居环境，吸引了大量的人口入驻

经过 40 多年的不断发展，尔湾已经发展成重要的高科技产业中心，并成为加州重要的经济城市、洛杉矶大都市区的重要组成部分和开发区产城融合发展的代表城市，而且近 10 年一直在美国最宜居的“热门城市”排行

榜中名列前十，成为美国最安全与极具吸引力的第五代城市，得到国内外的广泛认可。

（1）便捷的交通体系

外部：尔湾市位于州际 5 号和州际 405 号高速公路之间，北接洛杉矶，南至圣地亚哥。轨道交通 Metrolink 和 Empire-Orange County 将尔湾和洛杉矶以及沿海其他城市连接，为居民以及外部人口进出尔湾提供了便利的交通条件。橙县 John Wayne 国际机场，是地区性的商业机场，提供通向 22 个美国城市的直达航班。此外，很多本地公司的私人飞机和公司喷气飞机也都以此为基地。

内部：城市中心布置有综合交通站点枢纽，将轨道和对外主要交通干道及内部公共交通体系连接，方便居民换乘。此外，城市内部还有修建长达 158 英里长的自行车道，方便居民通过自行车到达城市的各个角落。

（2）优质的教育资源

尔湾拥有美国顶尖的教育系统——尔湾联合学区（IUSD）的公立学校在全美学校中名列前茅。同时，尔湾还拥有很多屡获殊荣的私立学校可供选择。在尔湾，这里有加州大学尔湾分校（UCI）、尔湾河谷学院（Irvine Valley College）、康考迪亚大学（Concordia University）和 22 所全国排名靠前的小学、6 所初中、4 所综合性高中、2 所替代教育中心。根据 2014 年公布的统计数据，尔湾是橙县人口第 3 大城市，加州第 16 大城市，并且建市至今一直呈现人口持续稳定增长态势。其中，25 岁以上（含 25 岁）人口中拥有高中以上学历的占 96.3%，拥有本科以上学历的占 64.9%。

（3）安全的居住环境

根据联邦调查局（FBI）2016 年发表的犯罪报告中发现，尔湾每十万人的暴力犯罪率为 55.8 起，在美国最安全城市排名中屈居亚军，近十年来，尔湾市在全美最安全城市排名中一直名列前茅。除了健全的就业市场，高收入及高教育水准外，较高的治安预算，也为社区的治安管理达到如此令人满意的结果起到了至关重要的作用。在尔湾 1 亿美元的城市预算中，有三分之一花在公共安全方面，除了必备的警员配置外，城市环境的设置也起到了重要作用。具备良好照明的停车场和宽阔的街道等城市基础设施的建设，必须通过警察局的审查，以确保达到基本的安全标准。同时，尔湾警察在工作中面对多元化居民情况，可以使用包括汉语在内的6种语言，消除了沟通障碍，在防止和降低犯罪率方面效果显著。

（4）完备的商业配套

尔湾市的商业配套完善，在任何一个角落，驱车十几分钟便能抵达一个商业中心，各商业中心均为统一设计、施工，有商家租用经营。商业中心一般配有大型超市、餐饮、洗衣店、服装百货等配套，其中华人超市、韩国超市、中东超市、美式超市应有尽有。此外，尔湾拥有加利福尼亚最著名的目的地式购物中心 Irvine Spectrum Center，总建筑面积达到 110 万平方英尺，是集零售和娱乐为一体的购物者天堂，而且多元化的居住人群，也推动了世界各国美食的聚集，成为加州闻名的美食聚集地。

（5）多样化的居住产品，居住扶持政策

尔湾除了在每个居住社区均提供独栋、联排、公寓等商品房外，还包括廉租房、临时住房等各类居住产品，从而满足各阶层居民的居住需求，保障社区人口的多样化需求。此外，尔湾还实行“租金补助”政策，由橙县住宅委员会对符合条件的居民按月提供租金补助。此外，当地一家非营利中介代理机构还提供临时和过渡性住房，为没有住房的家庭提供帮助。除此以外，对低收入首次置业者及中等收入个人和家庭实施部分扶持政策，包括预付定金资助计划、抵押贷款证明计划和分期购买计划。

（6）完善的社区服务设施，注重邻里中心的开发

尔湾市以拥有最宽阔的开放休闲空间和完善的社区服务设施为荣，每个社区都有独特的主题，将各个邻里社区有机的串联起来，而且 80% 以上的社区都规划良好，每个社区都由住宅、商业网店、宗教机构和学校组成，并拥有网球场、小公园、游泳池、甚至人工湖等，可供社区居民休闲娱乐。尔湾的邻里开发模式，注重土地功能混合配置，强调从交通站、商业设施

组成的核心区域到社区边界不超过 600 米的步行距离，即将居住零售业（如餐饮、超市、洗衣店、购物中心等）、办公和公共空间组织在一个步行可达的环境中。每个社区都建有邻里中心和邻里公园，以满足居民的日常购物和生活服务需求，缓解城市的交通压力，在为市民提供优质便利生活氛围的同时，解决土地利用、环境污染、交通拥堵等一系列城市综合问题。

3. 依托加州大学研发优势，以高科技为主导、实施多元化的产业结构战略

加州大学尔湾分校强大的研发能力和合理的科研成果转化极大地推动了尔湾智力密集型高科技产业集聚发展。加州大学尔湾分校建于 1965 年，是加州大学综合实力最强的分校之一，是世界著名高等学府和世界顶尖研究型大学，是美国大学协会（AAU）成员、环太平洋大学联盟成员，“公立常春藤”盟校成员。2015 年加州大学尔湾分校共有约 31000 名学生，2700 名教学人员，尔湾分校的科研能力在全美高校中名列前茅，其在科学、艺术、人文、医药和管理方面的研究成就提升了学校的排名，学校共有 3 位诺贝尔奖获得者。同时政府和企业也通过一系列措施推动学校科研机构成果向市场转化，包括：①建立公司关系办公室，为大学科研机构和大公司的联系提供帮助；②建立科技联盟办公室，为大学科研成果市场化提供帮助；③对于新成立的公司有一系列税收补贴政策，从而推动高科技企业的发展。

高科技产业的成功进一步带动了相关产业的发展，形成了以总部经济为特色、高科技为核心竞争力的高附加值、低环境影响的产业特征，吸引了大量高素质人口进入。从当初的牧场、小镇，发展成公众向往的生态新城，尔湾生态新城被誉为“加州的科技海岸”，吸引了众多高科技公司的加入。尔湾的高科技产业涵盖了生物医学、制药、无线通信、电脑硬件、软件等多个领域，形成许多技术产业集群，如医疗设备制造商、生物医疗公司、电脑软件和硬件生产商和汽车设计公司等，著名的电子游戏开发商暴雪公司总部、著名半导体巨头美国博通总部和起亚汽车、东芝公司的北美总部等

都坐落于尔湾。因此，尔湾被誉为“科技海岸”，也是美国新兴的创业中心。

目前尔湾从事技术管理类的人数最多，占到50%以上，其次就是零售办公类人员，约占30%。尔湾现有公司17000家，大量知名企业将其北美总部或产品研发设计中心迁至尔湾，在尔湾的著名公司的总部有10多家，如福特汽车集团、爱德华生命科学等；汽车公司有7家；顶尖的生物科学公司有9家，还有一批在国际上享有盛名的批发销售公司；此外，制造业、服装业、物流业等都有大规模公司进驻，这种以高科技为主导（生物技术和信息技术），高端服务业为支撑，汽车产业、物流、服装业等传统产业相辅发展的多元化产业结构抗风险性大，在市场经济的风浪中也更加稳定。同时，橙县与德克萨斯德奥斯汀，加州的圣鹫斯，新泽西的瑞雷—多翰墨相比较，各个行业的总体工资水平都处于上等。而尔湾是橙县重要的经济城市，其收入水平在橙县处于上等，工资水平相对而言较具竞争力。尔湾现有就业岗位数20余万，其中2/3的岗位是由当地居民消化，其余1/3的岗位吸引了很多外来人口。

4. 保障城市发展与生态环境的平衡关系，提倡环保理念，实现区域的可持续发展

为了创造良好的生活环境，尔湾市政府高度重视生态环境建设，统筹协调经济和生态发展，强调人与自然的和谐相处，规划保障城市发展与环境、居住舒适度等各个方面的平衡关系。

尔湾市政府按照环保主义的理念，在城市规划设计阶段就保留了自然水系、湿地和原始植被，大面积的农场土地被规划为自然栖息保护地，开挖人工湖泊建设绿廊系统，构筑以多级水系和绿色网络为骨架，以人工和自然相结合的复合生态系统，城市发展主要围绕这些生态系统进行科学布局。尔湾市大多数社区拥有网球场、游泳池、小公园等，甚至有人工湖，让居民在湖上泛舟、从事其他水上活动。尔湾目前拥有超过100多个公园和公共游泳池，大约178.2平方公里的农场土地作为自然栖息地保护。另

外，24.3 平方公里的土地用于公园和开放空间，城市公园以及社区公共绿地在美化城市环境的同时，为居民亲近自然和室外活动提供了大量的空间。除了社区的公共绿地以及开放空间外，尔湾大规模的生态保护区面积较大，以保护生态环境较为脆弱的地区。尔湾通过采用大规模自然保护区、城市公园和社区公共绿地三级体系，保证了城市生态体系的连续性和完整性。

尔湾大力倡导对于水资源的循环利用，在城市用水、农业用水以及生态用水之间建立联系，保证水资源的合理利用。通过建设 Michelson 水资源再生中心，将城市、生态以及农业用水有机联系起来。再生中心一方面将生活用水输送给家庭以及其他部门，另一方面负责回收生产生活污水进行处理，并将处理用水输送到保护区、林地以及产业用地进行循环使用。并通过实施区域中水计划，通过政策鼓励企业以及家庭使用中水冲洗厕所和必要的清洁工作。

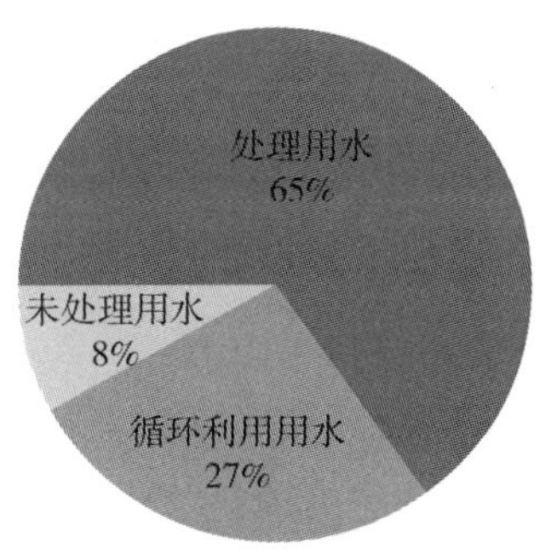

图 9-2　2009 年尔湾用水状况

资料来源：中国指数研究院综合整理。

在住宅的设计方面，尔湾制定了严格的建筑节能标准，强制要求所有住宅使用节能技术，并且提倡与自然环境的融合。居住区的设计遵循村庄理念，控制人类居住活动的蔓延，以减少人类居住活动对于自然环境的影响，每个居住社区内必须包括学校、购物、休闲区域等完善的居住配套设施，并提供丰富的开放自然空间，方便居民在步行范围内解决基本生活需求，从而达到减少使用汽车的目的。每个社区内的住房形式多样化，以保证社区人口的多样性，每个社区的规划设计主题必须符合其土地资源特征，比如山地、森林、高尔夫、湖泊等。这种主题有利于树立社区的归属感和社区居民对于自然环境的保护意识。

在尔湾的道路交通规划中，交通设计以步行为主导，通过提升慢行交通的出行比例，创建低能耗、低占地、高效率、高服务的城市交通模式。高密度的独立自行车道系统串联大部分的居住、产业和公共服务区域，与绿地体系相结合，营造环境宜人的慢行空间，使之逐步成为居民出行的首选方式和社区城市综合功能的重要组成部分。目前，该系统已建立包含专用道和与汽车道并行的两类自行车道，总长度达 71.6 公里。

土地面积和人口的增加最终促使城市准备更多的物质条件，每年都需要根据设施的使用需要进行修复和提高，通过对规划的遵循以及对规划不断地调整，保障城市发展与环境、居住舒适度等各个方面保持良好的平衡关系。同 2000 年以前相比，2005 年尔湾的街道总长度增长 29%，公园总面积增长 36%，街道绿化总面积增长 43%。

尔湾生态新城的投资开发是完全以市场为主导进行开发建设的。其依托加州大学优质的研发资源优势，打造出以高科技为主导、多元化的产业结构。同时，新城在建设过程中注重城市配套的完善、统筹协调经济和生态发展、强调人与自然的和谐相处、居住舒适度等各个方面的平衡关系，打造出了良好的生活环境，成功吸引了大量的人口入住。

第十章　英国米尔顿·凯恩斯新城——“反磁力”绿色生态城市

米尔顿·凯恩斯位于英格兰中部，是当前英国的经济重镇，行政区划范围为310平方公里，城市规划面积88平方公里。1967年，被英国政府规划为新城，1971年开始建设，人口从原有的6万增长至2016年的26.45万人。米尔顿·凯恩斯新城位于英国第一大城市伦敦与第二大城市伯明翰之间，距伦敦80公里、伯明翰100公里。东西位于世界著名学府剑桥大学和牛津大学之间，新城建设有四通八达的高速公路网络以及便利的铁路交通系统。米尔顿·凯恩斯新城的成功，源于其科学有序的弹性规划，新城以城市规划为依托，以特色产业为支撑，构建出规模较大且具有吸引力的“反磁力”城市，从而可以有效地吸引中心城市人口来此就业。

第一节　借势人口红利，政府发力助推新城问世

第二次世界大战结束后，英国整体进入生育高峰期，新生儿数量急剧增长。战后初期，伦敦人口增长近100万，人口的快速增长远超城市容纳能力，且快速城市化带来了居住问题、交通问题等一系列“大城市病”，政府亟须建立新的居民点，以疏散大伦敦的人口居住和就业压力。在人口密集的大城市附近建设新城，成为了政府应对人口快速增长的有效措施，新城的建设不仅对于缓解中心城区的拥挤程度具有重要作用，而且对于平衡全国

人口分布有着积极的意义。

一、米尔顿·凯恩斯新城发展概述

作为政府主导下的国家战略，新城建设得到英国政府空前重视。在1946年之后的20多年时间里，政府陆续颁布了《新城法》、《新城开发法》等，并且专门组建了新城委员会。在此期间，共建成14座新城，其中环绕伦敦的8座用来缓解伦敦人口增长过快的城市问题，并计划向外疏散150万人口。

英国著名的新城可分为三代，第一代是1946～1950年之间兴起的小城镇，人口规模不超过六万人，规模较小，功能分区严格，强调独立自主与平衡，较少考虑经济开发问题。第二代是1950～1964年之间兴起，规划新城总人口不超过十万人，是新开发地区中心，规模比第一代新城较大，功能分区没有之前的新城严格，更加注重景观设计。第三代新城是1960年之后规划建设的，人口总规模达25万～30万，属于中等规模新城，规划比较周全，目的是打造宜居新城，其中最具代表性的便是米尔顿·凯恩斯新城。

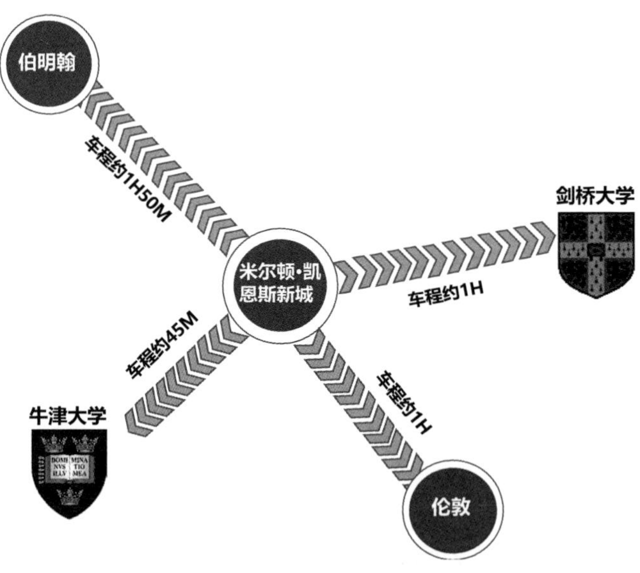

图10-1 米尔顿·凯恩斯新城区位示意图

资料来源：中国指数研究院综合整理。

米尔顿·凯恩斯新城曾是一个名不见经传的小村庄，为解决伦敦人口快速增长带来的一系列城市病问题，英国政府于 1967 年将距离伦敦 80 公里的米尔顿·凯恩斯规划为新城，新城占地 88.4 平方公里，由原有三座小镇以及十三座村庄组成，经过 50 年的发展行政区划扩大到 309 平方公里。米尔顿·凯恩斯新城地理位置优越，位于英国第一大城市伦敦与第二大城市伯明翰之间，东西两侧是世界著名学府剑桥大学和牛津大学，建设有四通八达的高速公路网络和便利的铁路交通系统。另外，新城内虽然没有机场，但其周边有大小 5 个机场。

米尔顿·凯恩斯新城人口由建立之初的 6 万人快速增长到 2016 年的 26.45 万人，根据新城委员会预测估计，2026 年新城人口将达到 30.85 万人。目前，以新城为中心、1 小时经济圈内，约有 800 万人口。米尔顿·凯恩斯新城优越便利的地理位置使其成为英国为缓解伦敦人口、就业压力的第三代新城的代表。

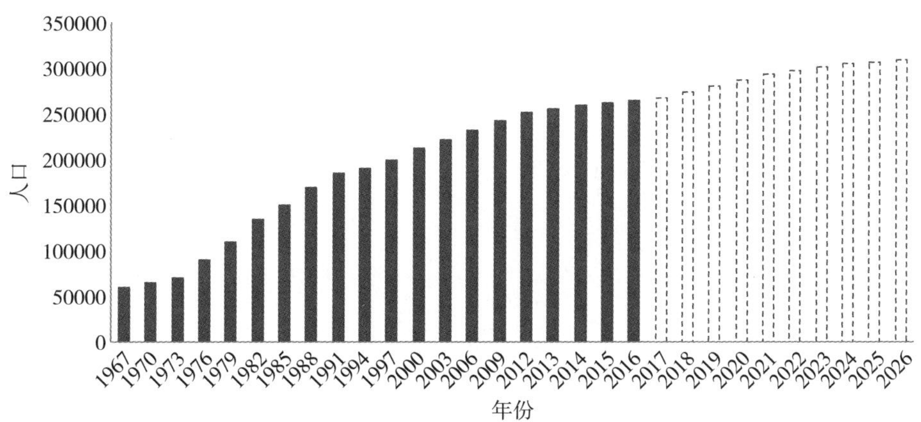

图 10-2　米尔顿·凯恩斯新城 1967 ～ 2026 年人口发展情况

资料来源：Milton Keynes council，中国指数研究院综合整理。

二、米尔顿·凯恩斯新城规划理念

米尔顿·凯恩斯新城建设之初，英国政府对其进行科学而有序的弹性规划，在对其进行规划时，英国政府考虑了以下六点规划目标。

（1）完善工作生活配套

城市是满足人们工作以及生活需求的地方，所以在新城规划过程中，政府希望不仅可以提供相应的就业岗位，并且鼓励居民能够自主选择工作。在住房方面，为新城的居民建造不同大小、区位、朝向、风格的房屋，可供居民自由选择。综合考虑就业、居住场所，以及经济增长因素，使其成为可持续性发展的新城，比如随着居民可支配收入的不断提高，其对新城内的生活配套要求也越来越高，所以在设计之初，规划者就在小镇提前预留了购物中心、电影院和其他娱乐设施等位置。教育和医疗作为必不可少的生活配套，在城市发展过程中的规划也需要不断调整，以适应新的社会变化。

（2）交通便捷

交通的通达度往往是居民很重视的一个问题，便捷的交通网络可以使人们更方便地到达工作地点、医院、学校、购物中心等，甚至可以更加快速地到达伦敦、伯明翰等大城市。这就意味着新城必须具备完善的公共交通设施等以保证居民的日常生活需求。

米尔顿·凯恩斯新城的道路规划借鉴了美国洛杉矶的网格道路布局模式，即每个网格的范围是 1 平方公里，一个网格就是一个社区。其街道划分为小车道、公共汽车道以及自行车道，各种车辆各行其道，市内交通井然有序。规划还将人行道考虑其中，有效实现了人车分流。

（3）社会平衡

社会平衡意味着需要创造各种技能以及不同教育水平的就业机会，以消除部分居民所产生的偏见以及不平衡感。新城在建设过程中为居民提供了大量的就业机会，由于居民的受教育程度、技术的熟练程度以及所擅长领域各不相同，所以规划考虑新城不同居住群体的差异，为各类居民提供了相应的就业机会，让其感受到新城给自身带来的尊重感以及安全感。此外，新城也注重相关生活配套的建设，不仅为老年人建立了老年机构供其养老，并且还建造了相关文娱配套，让其在养老的同时感受新城的温暖。2015 年，米尔顿·凯恩斯新城的就业率达到77%，比英国整体就业率高出3个百分点。

（4）具有城市吸引力

在规划新城道路时，规划者精心设计路旁的街景，从新城的一处到另一处均有多条道路可以选择，道路两侧没有多层立交等高大的建筑物，让人消除城市高层建筑所带来的压力感。此外，米尔顿·凯恩斯从规划之初就很重视环保，规划的公园占地超过城市总用地的六分之一，购物中心里也建设了多个室内花园，供居民休息，并且城中也有大大小小数十个湖泊以及环新城而建的森林公园，让居民在工作之余，更愿留在此处，放松身心。

（5）弹性规划

考虑到未来人口的变迁以及科学技术的发展，居民的生活方式也将会产生较大的变化，并且未来公共交通的升级换代也将会对日常生活产生重大影响，因此对新城的规划布局留有余地，以便未来能够及时调整新城布局，适应新的变化。

（6）资源实现有效利用

一个城市的物质设施要被充分而有效地利用，首先需要明确其合理用途，然后根据用途进行合理规划，并借助一些科技手段以及先进的管理经验进行合理安排，这样才能够高效合理地利用这些设施，充分发挥其作用。

第二节　依托优质资源，向区域中心城市蝶变

米尔顿·凯恩斯新城的成功，源于其产业新城的发展模式，以城市规划为依托，以特色产业为支撑，构建规模较大的有吸引力的“反磁力”城市，从而可以有效地吸引中心城市人口来此就业。同时，新城通过产业导入以及服务设施等各方面要素完善来实现社会平衡，形成了功能相对齐全的新城。

一、政府扶持，市场运作

英国早期的新城基本上是以疏散人口为主，随着战后英国经济的恢复，

人们对生活的要求也逐渐提高，当地的基础配套设施及其他文娱设施无法满足人们需求，城市缺乏活力。此时，英国首次提出在区域内构建“反磁力吸引”体系。该体系认为，每座城市都应该有与之相适应的具有吸引力的地区，并在该区域范围内存在着区域中心。

米尔顿·凯恩斯新城自立项之初就一直遵照市场规律进行建设发展，这也是其持续发展壮大的重要保证。同时，新城的建设离不开政府的强力支持。首先，由政府确定新城政策，出资从农民手中买下该片区土地；然后政府组建新城开发公司负责总体规划的制定、洽谈以及征购建设用地及后续管理事宜。由政府组成的新城开发公司存在以下三个主要职权：①负责编制新城总体规划，并确定选址方案；②筹集项目资金进行新城基础设施的建设；③公司有强制购买土地的权利，即公司可以按现有的土地价格进行购买。新城开发公司对购买的土地进行规划编制，并由其进行基础设施的建设，从而使土地成为城市开发用地。当新城初具规模后地方政府部门将被开发的土地和房屋转卖，收回国家的前期投资。新城开发成本中，英国政府直接出资占 49%，地方政府投资占 21%，其余 30% 部分由私人投资。

二、规划先行，打造生态新城

米尔顿·凯恩斯新城发展过程中，最大的优势就是高质量的前期建设规划。米尔顿·凯恩斯新城是建设在一个平坦的农业地区上，依据前文所述规划理念，新城先进行整体的规划设计，包括网格道路布局模式、大轴线空间、大尺度的生态景观、人车分流等都进行详细设计。

米尔顿·凯恩斯新城在建设之初就十分重视环保，注意不断增加绿色空间。英国政府专门设立了绿色投行，为经济绿色化发展提供资金支持，鼓励企业和个人为新城的可持续发展作出贡献。经过 50 多年的发展，米尔顿·凯恩斯的城镇建设取得丰硕成果。即使在大型购物中心也有精致的室内花园，各种各样的自然公园以及人造湖泊为居民提供了重要的娱乐休闲场所，茂密的森林环绕整个新城。这些构成了新城的绿色环境，让其可以在宜居以及可持续发展的道路上快速前进。

在英国，由于历史的原因，伦敦等主要大城市的道路比较弯曲，路况复杂。而全新规划的米尔顿·凯恩斯新城，有着平坦宽阔的大道以及合理的建筑布局。从茂密的环城森林以及人工湖泊，到城市公园以及购物中心都迸发出了这座生态之城的魅力。与此同时，新城距英国两个最大城市伦敦以及伯明翰的距离分别为 1 小时和 1 小时 50 分钟的车程，紧靠 M1 高速公路等交通路网，四通八达的高速公路网络、便利的铁路交通系统也为其快速发展提供了条件。

三、依托优质资源，打造产业集群，实现跨越式发展

早在新城设立之初，规划者预测未来制造业会逐渐走向萎缩，服务业将是新城未来经济发展的重要支柱。因此，米尔顿·凯恩斯新城依托自身区位优势，将金融以及现代物流作为其主导产业，大力引进和发展信息、零售、科研等机构，而这些均是与其周边伦敦以及伯明翰高度相关的服务性产业。

受到 2008 年金融危机的影响，米尔顿·凯恩斯新城就业人数增长明显放缓。为振兴经济，新城明确提出要打造成为剑桥—米尔顿·凯恩斯—牛津区域廊道的中心城市，积极依托区域资源优势，发展知识密集型产业集群。新城自身拥有的英国远程教育大学—开放大学以及克兰菲尔德大学，保证了城市建设中所需要的人才智力以及创新科技的支持。同时，新城注重对劳动力技能的提升，强调终身教育，除了对已有学校强调发挥网络课程的作用外，还注重强化对企业以及个人进行再教育培训。除此以外，新城出台一系列产业基金措施来保障其健康发展，主要涉及以下四方面：①针对基础设施建设，重点用于提升区域交通联系度。②针对产业本身，重点用于园区内部建设以及科创中心的建设。③针对专业人才，着重用于大学合作项目建设。④针对产品，重点用于支持智慧城市的建设。

新城还积极鼓励中小企业的发展，在新城中绝大多数是中小企业，同时也注重吸引大型跨国公司对就业的带动作用，利用各种政策优势吸引大型的跨国企业到新城开办企业。五十多年以来，有超过 5000 多家企业来此投资，其中包括英国铁路网公司、大众集团、西门子、奔驰、美孚石油等。新城对于汽车产业的发展一直持支持态度，其借助区位优势，打造以牛津为核心的研发源，引进牛津大学、伯明翰大学等知名高校人才，打造出汽车尖端技术研发生产网络。2016 年 1 月，英国有 8 个城市获得总额达 4000 万英镑的专项资金用于支持混合动力以及电动汽车的发展，米尔顿·凯恩斯新城就是被选城市之一。该专项资金是由英国政府“超低排放”项目提供，用于在选定城市支持电动汽车基础设施建设及提供嘉奖措施。米尔顿·凯恩斯新城发达的服务业以及大量的就业机会保证了其成为区域中心,在一定程度上分担了周围大城市的负担,让自身成为“反磁力”城市。

四、以人才为导向，打造宜居城市

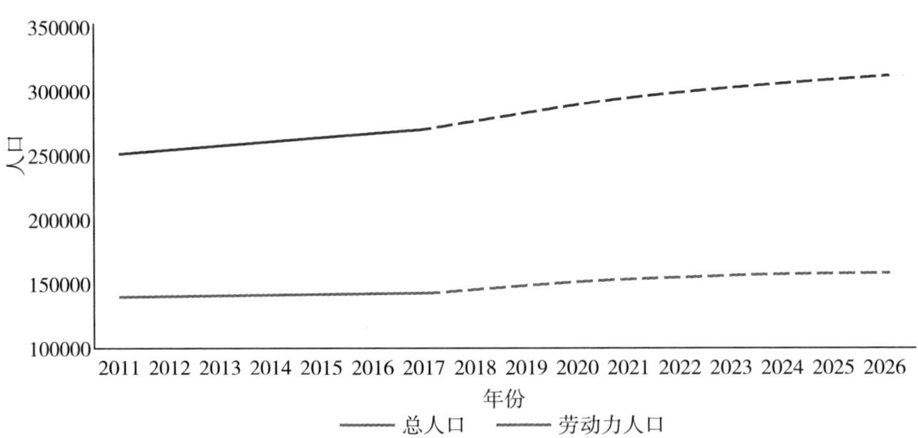

图 10-3　2011 ～ 2026 年米尔顿·凯恩斯新城劳动力人口及总人口变动情况

资料来源：Milton Keynes council，中国指数研究院综合整理。

纵观时代发展，城市的竞争力归根结底可以表现为人才的竞争力。米尔顿·凯恩斯新城在建设过程中，以满足创新人才需求为导向，为其打造宜居的生活环境。现阶段新城不断完善各种配套设施，新建影剧院、滑雪场、大型购物中心等，使人们的休闲娱乐更加丰富、便利，人们可以在新城内进行练习滑雪、攀岩、滑板滑水等，而这也使得新城逐渐成为英国极限运动的中心。另外，新城的成功发展，也与其超前意识有关。如建于 20 世纪 70 年代的现代化购物中心，临街店面气势宏大，大到街上的百货商场，小到别致的精品店，在当时便是欧洲最具规模的现代化购物中心，至今仍然是英国著名的购物中心。凭借其优越的区位、发达的铁路和公路网络，新城创新发展，吸引着大量的外地顾客，有效地刺激了当地经济，如 2016 年米尔顿·凯恩斯国际艺术节中，利用一个互动式的虚拟现实装置，借鉴新城元素，设计出一些生动的图案，为游客营造出一种全新的体验。

米尔顿·凯恩斯新城注重文化建设，提出建设“世界级的文化城市”，重点从“历史遗产保护、公共艺术、体育与活力社区”等三个方面提出了相应的措施。同时，新城经常组织多元的历史遗产教育，强化与外界的合作交流。

住房保障方面，新城社区的住宅分为不同的类型，有较高档的住宅，也有专供中低收入家庭买或租的保障房。随着人口的不断流入，新城的住房数量也逐年增加，以满足人口增长所带来的需求。据官方数据显示，2016 年新城的住房数量达到 11 万套，较 2013 年增长 3%，且其住房自有率达到 74%。

米尔顿·凯恩斯新城牢牢把握城市发展过程中的人口红利，通过政府扶持，市场运作，紧跟城市不同发展阶段需求，以弹性规划为依托，特色产业为支撑，人才为导向，打造产业集群，实现跨越式发展，构建出规模较大且具有吸引力的“反磁力”绿色生态城市，值得借鉴。

第十一章　华夏幸福固安产业新城——PPP模式先驱

固安产业新城地处河北省廊坊市固安县，位于天安门正南50公里。2002年6月29日，华夏幸福固安产业新城奠基成立，固安县人民政府与华夏幸福基业股份有限公司（以下简称“华夏幸福”）确立了以政府和社会资本合作（PPP）模式，打造“产业高度聚集、城市功能完善、生态环境优美”的产业新城。历经十余年的发展，固安产业新城现已全面崛起，成为当前国内PPP模式中最具实践意义和示范效应的典型样本。

在固安产业新城建设之初，华夏幸福就以“建设产业新城”为目标，将国际成功经验和区域实际情况相结合，勾勒园区未来发展图景。在“产城融合”发展的格局下，以国家产业规划政策为指导，战略发展“航空航天、生物医药、高端装备、电子商务、生产性服务业”五大优势产业集群，同步推进现代农业发展，推动区域经济全面腾飞。固安产业新城在关注产业升级的同时，更关注城市生活品质的升级，以打造百万人口的中等城市发展格局为目标，建设功能聚集、层次健全、服务齐备、品质高尚的城市核心，实现现代服务业高端发展，引领县域经济转型升级，实现与北京世界级城市全面对接。

2017年2月，我国首个关于各类开发区的总体指导文件《关于促进开发区改革和创新发展的若干意见》中提出“引导社会资本参与开发区建设，探索多元化的开发区运营模式”，鼓励以PPP模式开展开发区公共服务、基础设施类项目建设，鼓励社会资本在现有开发区中投资建设、运营特色产业园。这意味着通过十余年的探索与坚持，固安产业新城PPP模式已经获得国家层面的认可。

第一节　PPP投资模式，带动新城发展升级

目前，华夏幸福以发展“经济发展、社会和谐、人民幸福”的产业新城为核心产品，并且秉持“四个坚持”的产业新城系统化发展理念，即“坚持以绿色生态为底板、坚持以幸福城市为载体、坚持以创新驱动为内核、坚持以产业集群集聚为抓手”，通过创新升级“政府主导、企业运作、合作共赢”的 PPP 市场化运作机制，探索并实现产业新城的经济发展、城市发展和民生保障。

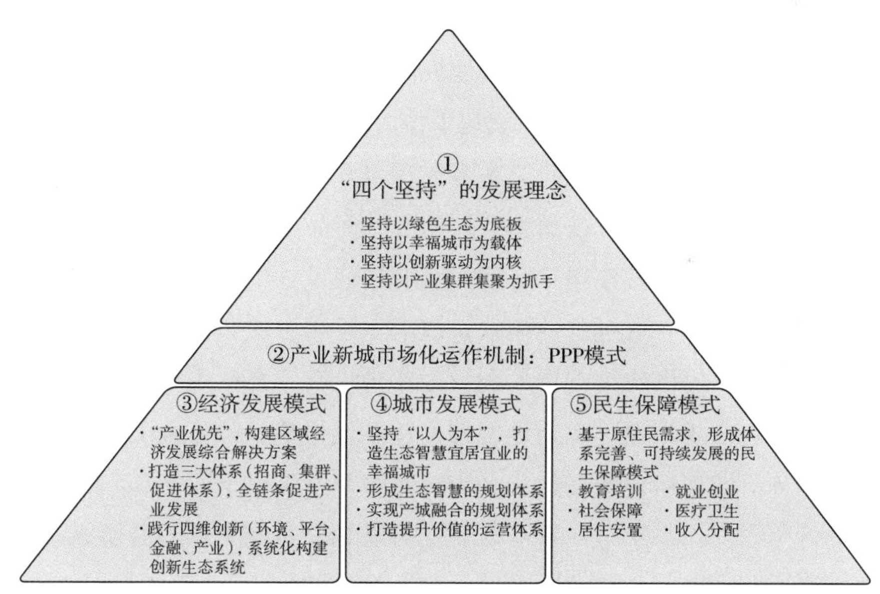

图 11-1　华夏幸福发展模式

资料来源：中国指数研究院综合整理。

华夏幸福坚持产业发展和城市发展双核驱动，通过“以产兴城、以城带产”的理念，推动产业新城“产城共融、城乡统筹、共同发展”的目标。良好的发展定位和先进的规划理念需要足够的资源支撑，华夏幸福与固安县

政府确立政府和社会资本合作（PPP）模式，并按照工业园区建设和新型城镇化的总体要求，采取“政府主导、企业运作、合作共赢”的市场化运作方式，并把平等、契约、诚信、共赢等公私合作理念融入固安县政府与华夏幸福的协作开发和建设运营之中，积极打造“产业高度聚集、城市功能完善、生态环境优美”的产业新城。2015 年，固安县政府与华夏幸福共同探索的 PPP 模式作为创造性典型经验被国务院办公厅通报表扬，并成为首批入选国家发改委 PPP 示范项目的典型案例，同时固安新兴产业区被工信部授予“国家新型工业化产业示范基地”的称号；2017 年，十九大前夕，财政部亦将固安高新区产业新城作为“砥砺奋进好故事”案例之一。

一、特许经营的PPP合作模式，产业新城的开发逻辑形成闭环

固安县政府与华夏幸福签订排他性的特许经营协议，设立三浦威特园区建设发展有限公司（简称三浦威特）作为双方合作的项目公司（SPV），华夏幸福向项目公司投入注册资本金与项目开发资金，为固安产业新城的投资、建设、开发、运营提供一系列的公共产品与服务，充分发挥了市场机制下的高效资源配置作用，与地方政府构建了一个产业新城整体开发的政企伙伴关系机制。通过这一模式，政府主导重大决策、组织制定规划、确定标准规范、提供政策支持；企业则作为投资及开发主体，全权负责开发建设业务。在规划设计、土地整理、基础设施建设、公共配套建设、产业发展服务、城市运营等在内的全流程综合开发工作上，华夏幸福与地方政府进行全面合作，从“一事一议”变为以 PPP 机制为核心的协商制度，共同决策、优势互补，创造出“1+1 ＞ 2”的效果。

开发前期，华夏幸福以全球视野和国际标准对合作区域进行顶层设计和战略规划，在与固安县政府签订排他性特许经营协议后，将通过项目公司开展土地整理投资、基础设施建设等工程。在中期，公司围绕园区定位，依托企业数据库进行产业招商，并进行二级开发和产业孵化服务，同时，积极引进优势民生资源，促进公共资源配置均等化，让当地居民和外来人

员同等享受优质的教育、医疗等公共资源和服务，并带动了区域的发展升级。当企业逐渐入驻园区后，公司将持续提供产业引导和综合管理服务，最终实现产业新城的闭环生态。在此过程中，华夏幸福也充分发挥了全过程的综合统筹优势。

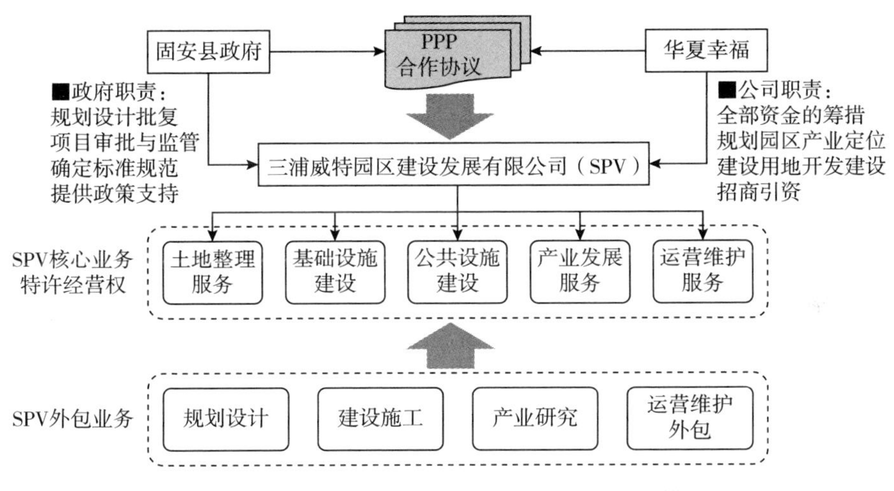

图 11-2 固安产业新城特许经营的 PPP 合作模式

资料来源：中国指数研究院综合整理。

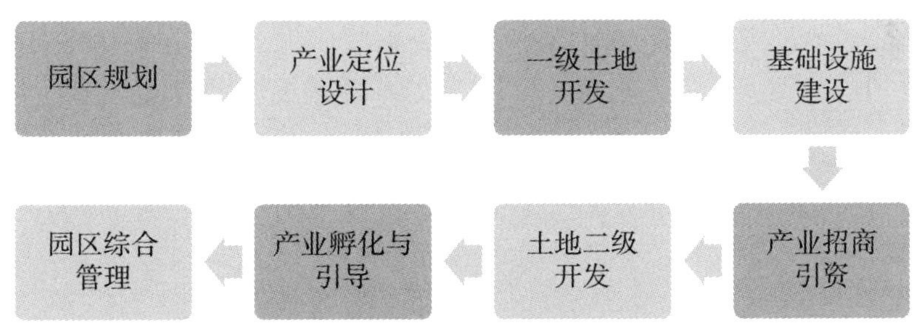

图 11-3 固安产业新城开发的闭环生态

资料来源：中国指数研究院综合整理。

华夏幸福与固安县政府签订的委托开发协议，是贯穿委托区域未来十几乃至二十年的基础设施建设、城市发展、人居生活等各个方面的需求。华夏幸福准确把握城镇化的发展需求，以当地政府、企业和居民等各方面的需求为切入口，通过PPP模式，盘活人流、物流和资金流，帮助政府解决城镇化与产业承接中缺乏资金、人才的问题，通过公司“以产兴城、以城带产、产城融合”的运作模式，使得产业新城内的发展实现有机循环，实现真正的长远发展。

二、PPP模式创新双重绩效约束，合作共赢

华夏幸福为地方政府提供规划设计、土地整理、基础设施建设、公共配套建设、产业发展、城市运营等服务，实现了绩效考核和社会资本方激励的有机融合。在此基础上，华夏幸福PPP模式创新地建立了双重绩效约束，一方面政府方通过构建多方位绩效评价体系，按协议确定周期对华夏幸福已提供各项服务进行考核，并按照考核结果确认应向其支付的服务费用，实现PPP模式倡导的物有所值和按效付费理念；另一方面政府以增量财政收入作为向华夏幸福支付服务费的资金来源，若财政收入不增加，则华夏幸福无利润回报。这种模式不会增加政府现有财政负担，促进了政企双方实现合作共赢。

固安产业新城在园区规划设计阶段，公司通过园区周边配套住宅用地的二级开发及住宅销售获得现金流以支持园区的建设。之后公司通过招商引资引入产业，政府按照与公司签订的协议每年结算支付给公司的费用，从而实现对园区的滚动开发建设，同时公司通过公共设施服务、酒店运营等配套业务获得收益。在整个开发过程中各项业务的收入分配模式清晰，产业新城收入结算模式为基建成本加成+落地投资额按比例结算。产业新城板块的收入主要来自于政府的付费，其中最为核心的一项为产业发展服务费，而园区落地投资额主要包括入园企业当年新增的固定资产、在建工程、无形资产（含土地使用权）、房屋租赁投资等能测算的投资额。

固安产业新城的发展带来了固安县城市综合实力的全面提升。2002年以来，固安产业新城为当地政府带来了财政税收、优质的企业和高素质的

人口，补齐了当地发展中资金、人才、技术、能力等方面的短板，极大地带动了固安地区的经济发展，同时对当地的就业环境、民生改善也起到了重要推动作用。固安县已经从当年一个典型的农业县发展成为现在年 GDP 超 200 亿元，同比增速达 12.3%（2016 年）的经济强县。

表 11-1 固安产业新城 PPP 模式中各项业务的内容

项目	代表业务内容	属性
规划咨询服务	包括开发区域的概念规划、空间规划、产业规划及控制性详规编制等规划咨询服务，规划文件报政府审批后实施	成本加成
基础设施、公共设施建设项目	包括道路、供水、供电、供暖、排水设施等基础设施投资建设，以及公园、绿地、广场、规划展馆、教育、医疗、文体等公益设施建设	成本加成
土地整理投资	配合以政府有关部门为主体进行的集体土地征转以及形成建设用地的相关工作	成本加成
产业发展服务	包括招商引资、企业服务等	招商引资分成
物业管理、公共项目维护及公共事业服务等	包括城市运营、公共设施运营和专项运营等	其他

资料来源：中国指数研究院综合整理。

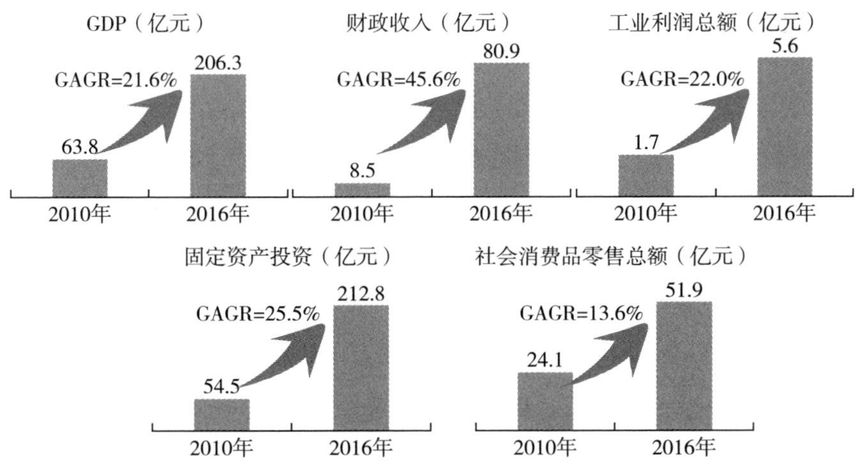

图 11-4 固安县 2010 年与 2016 年经济指标对比

资料来源：中国指数研究院综合整理。

城市综合实力的提升带动区域价值迅速提升，同时也为政府的财政收入提供了有力保障。2016 年固安实现财政收入 80.9 亿元，同比增长 44.7%，2010 年以来年复合增速达 45.6%。

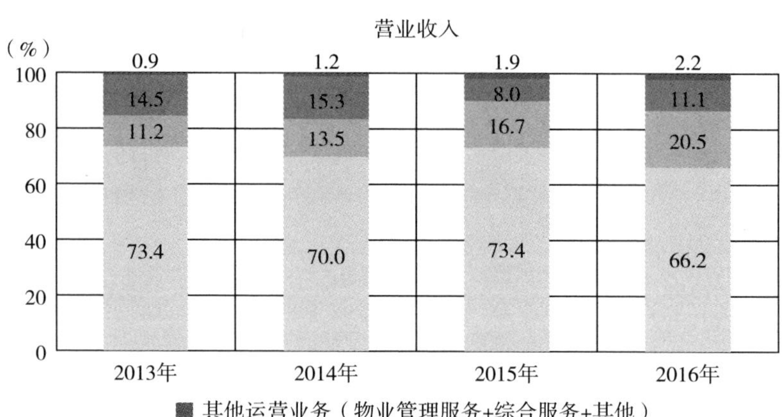

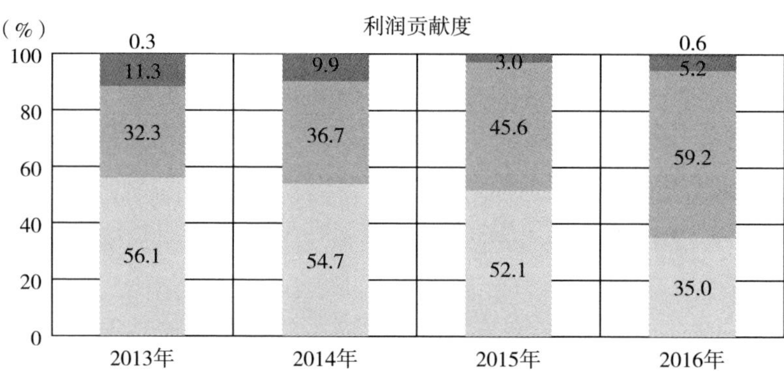

图 11-5　华夏幸福各业务的营业收入占比及利润贡献度

资料来源：中国指数研究院综合整理。

对于华夏幸福来说，产业发展服务业务是其作为产业新城运营商的核心部分，其中产业发展服务的营业收入占比呈现逐年上升态势，表明产业新城运营模式的逻辑正在逐步兑现。由于产业发展服务收入是以当年合作园区内新增落地投资额的一定比例来结算，因此，签约投资额、新增入园企业数以及签约投资额落地转化率就成为产业发展服务收入增长的关键因素。公司2016年新增签约投资额为1122.4亿元，新增入园企业数为436家，而在2015年则分别为536.7亿元和173家，同比增长均超过100%，这也为未来产业发展服务收入的高速增长提供了有力的保障。而随着华夏幸福起步阶段的园区逐步发展成熟并进入招商引资阶段，未来产业发展服务收入的增长空间将会进一步打开。

在固安产业新城的运营模式下，华夏幸福为地方政府带来了经济指标和财政指标的快速增长，同时为企业每年通过政府返还的产业发展服务收入和园区住宅开发获得一定的利润保障。

随着产业新城的不断发展、产业集聚程度的提升以及产业链条的延伸，产业新城内容纳的企业数量和质量将持续增长，这也将为华夏幸福的产业发展服务收入提供持续高速增长的动力。

固安产业新城的“以产兴城”就是在产业聚集达到一定规模后，带动城市功能体系的加速完善，而教育、商业、医疗、休闲等城市配套的完善及运营，将拓宽华夏幸福的收入渠道，平滑由产业和房地产变化带来的周期性业绩波动压力。

固安区域价值的迅速升值使得华夏幸福产业新城模式的品牌效应得到了极大释放，而且作为唯一一家园区整体性开发项目入选国家示范性PPP项目案例，固安产业新城也受到了业界的广泛认可。包括固安高新区、溧水区产业新城项目以及嘉善园区分别入选财政部示范项目及省级PPP项目库，可以看出华夏幸福的固安模式的异地复制已赢得了良好的口碑。

三、园区PPP项目资产证券化产品问世，拓展融资渠道

华夏幸福的PPP产业新城开发模式对资金的需求较大，前期的土地整理、

基础设施及公共设施的建设均需公司垫付资金。而且随着拓展园区的增加，华夏幸福近年来持续加大融资力度，除了银行贷款、信托融资等常规融资渠道外，公司的融资渠道多种多样，比如通过定增股权、公司债的发行等进行融资。除此以外，华夏幸福固安 PPP 资产支持专项计划也成为我国首批获准发行的四单 PPP 资产支持证券之一，是唯一一单园区 PPP 项目资产证券化产品。PPP 项目资产证券化将有助于盘活 PPP 项目存量资产，拓宽融资渠道，进一步降低融资成本，提高 PPP 项目资产流动性，更好地吸引社会资本参与 PPP 项目建设。整体而言，华夏幸福积极开展资本市场直接融资，不断优化资本结构，2016 年整体平均融资成本为 6.97%，公司债务结构更趋合理，融资渠道进一步拓宽，财务状况更加稳健。

第二节 "产业优先"，构建创新发展体系

产业发展能力是华夏幸福产业新城开发运营最重要的竞争力。华夏幸福坚持"产业优先"的重大战略，明确"打造产业优势"的核心策略，整合全球资源，从产业研究规划、产业集群集聚、产业载体建设到产业服务运营，为产业新城所在区域提供促进产业转型升级、提升产业竞争力的综合解决方案。

一、清晰的产业定位

华夏幸福对于单一园区的规划注重产业集聚效应，始终秉承"一个产业园就是一个产业集群"的理念，对于园区的产业定位高度清晰，严格遵循"借外脑、练内功"的思路，与全球知名智库战略合作，结合区域产业基础、产业发展趋势、地方发展需求和政府产业政策，科学规划区域产业发展方向。

华夏幸福在产业定位时，会聘请国内外知名的城市战略、产业研究咨询机构建立战略合作关系，如美国的麦肯锡、德国的罗兰贝格等，在前期就对园区进行精准定位。除此以外，华夏幸福的产业研究院旗下有大量的

高学历专业人才和产业研究人员，其自身的产业研究和规划能力也在不断提升。在固安产业新城2002年起步阶段，华夏幸福就已聘请了德国罗兰贝格、美国DPZ等9个国家的40多位规划大师对开发区进行规划设计。早期固安产业新城主要定位于传统制造业，但随着京津产业转移的加快，华夏幸福及时调整产业定位，引进了生物医疗、航天科技、装备制造等新兴产业，以招商龙头企业为核心，如中国航天科技集团、京东方等，推动产业链上下游集群，不断加快产业升级调整。

表11-2　　华夏幸福各产业新城产业定位一览表

阶段	产业新城/产业小镇	产业定位
较成熟	固安	生物医疗、航天科技、装备制造等新兴产业
	嘉善	信息经济和智能制造
	霸州	电子信息、现代食品、高端装备、健康医疗器械
	永清	高端制造产业
	任丘	泛旅游、新材料、高端装备
起步阶段	文安	新材料、装备制造
	来安	现代交通装备、高端应用设备、专业智能物流三大产业
	溧水	新能源汽车、航空制造和环保设备
	和县	电子信息、绿色建材、专用设备、临港物流及科技农业
	邢台	新能源、新能源汽车、高端装备制造
	北戴河	医疗与机械、健康智能装备、科技研发服务、医用环保新材料
	昌黎	农业科技、食品加工、家居建材、电子信息、装备制造、新能源及生产性服务业
	舒城	集成电路和新能源汽车
	问津	智慧农业
	武陟	新型交通设备、先进专用设备、前沿消费电子、现代都市生活
	房山	北京国际赛车谷产业园
定位阶段	涿鹿	高山养疗度假
	长葛	先进能源、电子信息、智能制造
	彭山	智能制造、新型材料、康养休闲
	江门	智能制造、新一代电子信息、现代康养
	南浔	下一代汽车、智能制造装备、专用装备、信息金融、服务外包和生物医药

资料来源：2016年企业年报，中国指数研究院综合整理。

二、招商引资能力是华夏幸福产业新城模式的核心

产业发展是产业新城整体业务模式中最为核心的环节，各地政府之所以愿意与华夏幸福合作，除了华夏幸福拥有较强的投资能力外，更重要的是其拥有强大的招商引资能力。华夏幸福目前已形成了包括产业研究、全球招商、选址服务、圈层营销、资本驱动、产业载体、政策及企业服务八大产业服务体系构成的招商模式。

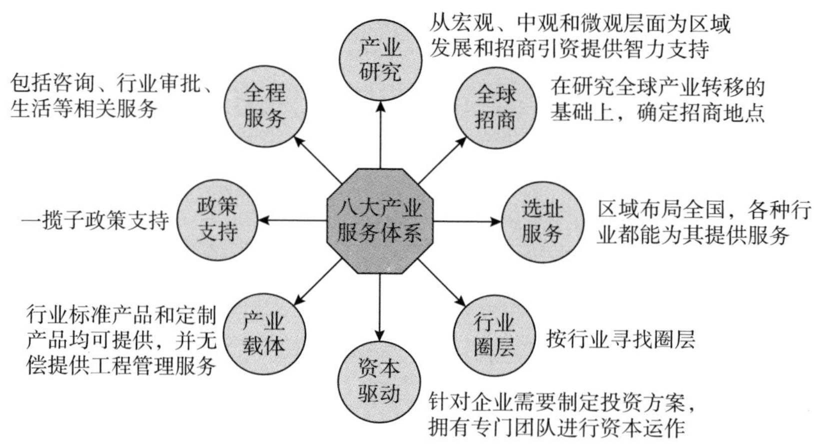

图 11-6　华夏幸福八大产业服务体系

资料来源：中国指数研究院综合整理。

经过十多年的发展，华夏幸福的招商团队规模逐步扩大，从最初的招商中心，到后来的产业发展中心，再到现在专门负责产业促进的产业发展集团，拥有了“全球招商中心”和汇集各行各业资深研究人员的产业研究院。招商人员中，一类是有着丰富园区工作经验的人士，对园区的运营、政企之间的沟通有着丰富的经验和良好的人际关系；另一类则是具有资深行业背景的实战人士，对产业有着专业深刻的理解，能密切掌握各类对口企业的投资动态，并已积累成横跨多个行业的企业客户数据库。

三、搭建全球科技孵化平台，实现“全球技术—华夏加速—中国创造”战略，为产业新城发展添翼

华夏幸福积极在全球范围内整合资源，因地制宜、因势利导的为所在区域打造科技含量高、示范带动强的高端产业集群，积极搭建全球科技孵化平台，注重以创新驱动引领区域经济发展，进一步落实“全球技术—华夏加速—中国创造”的创新发展战略。华夏幸福不断提升产业创新驱动力，并形成强而有力的竞争壁垒，主要做法包括：

①创新驱动：加快与清华大学等科研院所的“产学研”合作，搭建“创新研发、项目孵化、技术转移、支撑服务”四位一体的产学研合作平台；与100多家研发机构深度对接，共同建设院士工作站、研发实验室等，提升区域产业创新水平，如联合翌光科技、华电天仁等。

②孵化驱动：与太库科技创业发展有限公司达成战略合作搭建创新孵化平台，在美国硅谷、以色列特拉维夫、德国柏林、韩国首尔等设立了10余个孵化器，公司下属企业苏州火炬创新创业孵化管理有限公司旗下的火炬孵化创客邦孵化器已在全国30余个城市布局。

③资本融合：投资控股深圳市伙伴产业服务有限公司，战略投资深圳市城市空间规划建筑设计公司，同时与美国康威国际建立长期战略合作伙伴关系，以进一步嫁接国内外产业资源、导入产业要素，实现全球视野的产业招商与发展服务。

④龙头驱动：着力聚焦产业集群打造，与奥地利奥钢联集团、法国佛吉亚集团、京东方科技集团、金海岸影业有限公司、宁夏电影集团、北京稻香村食品有限公司、富士康集团等世界500强及行业龙头企业开展深度战略合作，以龙头企业为引领，推动产业链上下游企业集聚，形成产业集群。

第三节 “以人为本”，建设幸福宜居城市

在产业新城的规划、开发和运营过程中，华夏幸福强调“以人为本”的理念，重视将产业新城中生产、生活、生态完美融合到城市的空间规划中。“以人为本”成为华夏幸福产业新城的重要基因，其主要体现在城市发展方面，华夏幸福坚持“以人为本、可持续发展”的城市发展模式，坚持“活力生长、产城融合、宜居共享、绿色生态”四大标准，并依托“规划、设计、建设、运营”四位一体的城市发展完整体系，系统化地打造、建构出资源配置集约、城市设计创新、产业集群示范、多维智慧运营、社区营造完整、公共服务完善、生态环境良好、资源循环利用的产业新城。

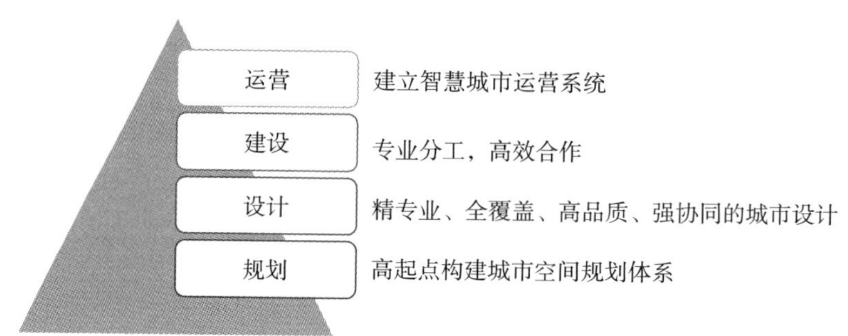

图 11-7 华夏幸福四位一体城市发展体系

资料来源：中国指数研究院综合整理。

另外，华夏幸福的“以人为本”还可以体现在民生保障方面，企业围绕产业新城原住民的需求，建立了“1261”民生保障体系，同时不断健全民生保障体系，以实现产业新城原住居民与新进入园区的城市居民能够享受同等的公共服务、同等的生活质量等，实现居民生活安居乐业，社区邻里互通有无。

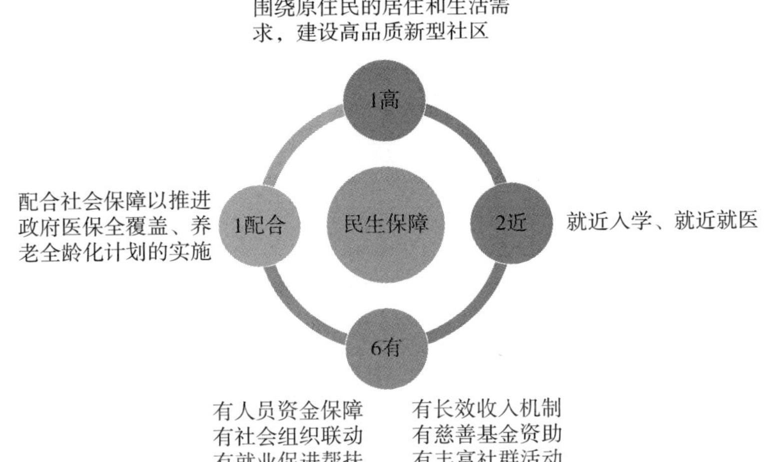

图 11-8 华夏幸福"1261"民生保障体系

资料来源：中国指数研究院综合整理。

固安产业新城在规划建设之初，综合考虑人与自然、社会的关系，进行全方位的生态城市构建。随着产业新城的发展，华夏幸福不断加大在城市基础设施、社会配套设施等方面的投资力度，高质量建设水、电、气、道路等基础设施，同时进一步提升教育、医疗等公共服务质量，实现产业新城内居民的安居乐业。

目前，华夏幸福为固安产业新城在规划范围内实现了"十通一平"，相关配套设施逐渐完备。为实现生态环境的持续提升，华夏幸福已在固安产业新城建设完成了 14 万平方米的中央公园，200 万平方米的城市环线绿廊、13 万平方米的孔雀大湖、50 万平方米的大广带状公园、100 万平方米的永定河运动公园等公园体系，形成"一核一环两廊多片"的城市景观体系，园区绿化面积约 561.8 万平方米，产业新城城市品质持续升级。在固安产业新城前瞻性设计中，中国（固安）单车运动中心成为目前亚洲唯一一座具有国际标准比赛规格的自行车运动场地。

图 11-9 固安产业新城图景

资料来源：华夏幸福官网，中国指数研究院综合整理。

为满足区域内居民生活所需，华夏幸福为固安产业新城打造了一个集购物、餐饮、休闲、娱乐、文化为一体的商业体系——幸福港湾，同时通过不断提升项目经营品质和品牌级次，逐步提升区域价值，幸福港湾已成为固安产业新城商业活力的聚集地。教育配套方面，固安产业新城内全面覆盖九年义务教育、高中教育与职业教育，构建全龄教育体系，北京八中固安分校、幸福学校、幸福幼儿园等多所知名中小学的建设，提升了本地教育质量，实现了与北京的均质同步。引入高水准的医疗资源，构建多层次的医疗体系，极大地提升了固安城市整体医疗服务水平，如建设幸福医院等综合三甲医院、综合门诊、社区医院、社区诊所等。

固安产业新城凭借高规格的生活配套服务，已经形成一定的人群集聚和有效的吸附能力，吸引中心城区人口前来购物休闲，从而打造出城市新的都市中心或商业中心。从城市级的商业配套幸福港湾，到投资 5 亿元修建的五星级福朋喜来登酒店、与北京八中合作开设的分校，以及规划建设自有品牌的三甲医院，固安产业新城内完善的公共配套不仅满足了居民的居住、商业、文化、休闲、医疗、教育等需求，同时也带动了当地居民消费结构的升级，极大地提升了固安县的城市形象和居住品质。固安产业新城已然成为了大北京范围内智慧生态、宜居宜业的产业新城。

总体来看，华夏幸福坚持产业发展和城市发展双核驱动，以全球视野和国际标准对合作区域进行顶层设计和战略规划。以龙头企业为引领，推动产业链上下游企业集聚，形成产业集群。同时，华夏幸福通过 PPP 模式，盘活人流、物流以及资金流，帮助政府解决城镇化与产业承接过程中资金以及人才问题。在开发过程中，公司坚持“以产兴城、以城带产、产城融合、城乡一体”的系统化发展理念，并注重“以人为本”，打造幸福宜居城市，使得产业新城内的发展实现有机循环，实现真正的长远可持续发展，已成为行业发展标杆。

第十二章 上海张江高科技园区
——创新优势显著的“科技投行”

上海张江高科技园区，成立于1992年7月，位于浦东新区中心位置，2009年园区被正式定位为高科技研发中心和高新企业培育孵化中心，2012年，张江园区地域面积扩充至79.9平方公里。作为国内的老牌科技园区，张江高科技园区拥有一系列得天独厚的创新资源要素，2014年，上海自贸区扩区至张江片区，面积37.2平方公里，这也为张江高科技园区带来了新一轮的发展机遇。通过25年的发展，张江高科技园区已经成为上海创新高地，建有国家上海生物医药科技产业基地、国家信息产业基地、国家集成电路产业基地等多个国家级基地。目前，张江园区注册企业已近2万家，初步形成了以信息技术、生物医药、文化创意、低碳环保等为重点的主导产业。

张江高科技园区在25年的开发建设中，逐步形成了“产业地产开发运营、产业投资和创新服务”的业务模式，依托于园区在创新要素和资源集聚的领先优势，张江高科发挥多年积累的产业培育与发展的能力，助力于园区创新事业发展，进行企业孵化和产业投资，实现与园区创新产业的共同成长。在上海建设具有全球影响力的科创中心的背景下，张江园区正承载着建设全球科创中心、自由贸易试验区和国家自主创新示范区核心区等战略重任。“十三五”期间，张江科学城作为张江高科的另一宏伟规划，将在张江高科技园区的基础上，打造成为“科研要素更集聚、创新创业更活跃、生活服务更完善、交通出行更便捷、生态环境更优美、文化氛围更浓厚”的世界一流科学城。

第一节　以“科技投行”为方向，打造“新三商”

在25年的发展历程中，随着张江高科技园区的发展与成长，张江高科自身定位和内涵也在不断发生变化和升级，这不仅加快了园区房产建设、资金、服务等要素的流转，也实现了公司业务盈利的互动。早期张江园区的起步阶段，张江高科的定位为简单的科技地产开发和土地批租，随着张江园区土地资源的拮据，张江高科更多地向创新服务、产业投资方向转变。张江高科的战略发展路径逐渐改变之前以工业地产开发运营为主导的“高投资、重资产、慢周转”模式，向“股权化、证券化、品牌化”转型升级；并逐步摆脱传统产业地产开发运营商的单一模式，提出了以“科技投行”作为战略发展方向，着力打造新型产业地产营运商、面向未来高科技产业整合商和科技金融集成服务商的“新三商”战略，重点聚焦于把产业地产的有形资源转化成产业投资的无形资源，产业地产和产业投资有机融合、创新协同，形成独特的商业模式。

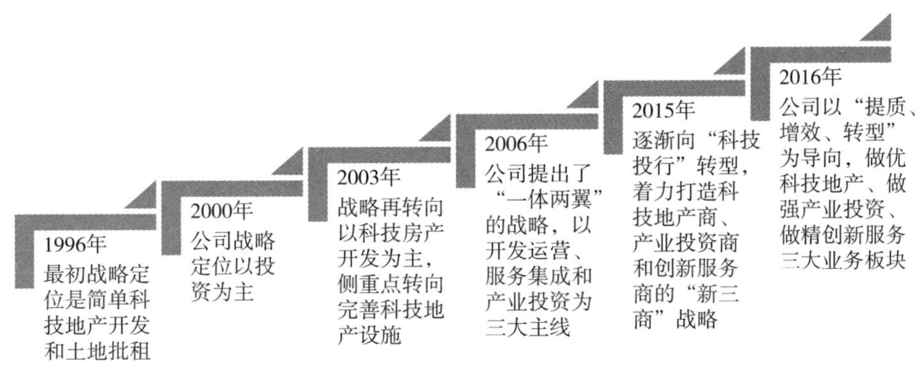

图 12-1　张江高科发展历程中定位和内涵的升级

资料来源：中国指数研究院综合整理。

图 12-2 张江高科“新三商”战略布局

资料来源：中国指数研究院综合整理。

在市场化创新转型的背景下，历经了 2014 研究启动之年、2015 谋划布局之年、2016 全面推进之年后，张江高科“科技投行”定位明确，并通过一系列举措，突破“房东”的角色，形成了“房东 + 股东”与“股东引房东”的模式，加快向投资前端靠拢。一方面，张江高科利用产业地产，把产业地产的有形资源转化为产业投资的无形资源，即将产业地产的租赁和销售收入转化成园区企业的股权投资。另一方面，张江高科通过建立满足产业链上不同成长阶段企业所需的多级、多元投融资服务体系，各种企业孵化模式、创投平台和产业基金等，摆脱过去以工业地产开发运营为主导的“高投资、重资产、慢周转”模式，逐步向“轻资产、证券化、快周转”模式转型。张江高科正树立起“创新发现者、投资者和孵化者”的新形象，努力实现“新投行”的战略目标。

一、科技地产开发运营业务

张江高科针对房地产市场的大环境，积极寻求“存量变现、增量探索”的途径，通过股权转让等多元销售方式，灵活应对市场需求变化及公司房地产业务经营方式转型要求。结合张江科技城的建设，着重完善租金价格体系，提高综合配套水平，公司物业整体租赁水平得到有效提高。2016 年张江高科主营业务收入19.3亿元，房地产开发作为张江高科的传统业务，租售收入达到15.1亿元。其中，房地产销售收入8.6亿元，房地产租赁收入6.5亿元，房地产业务占主营业务收入的78%。

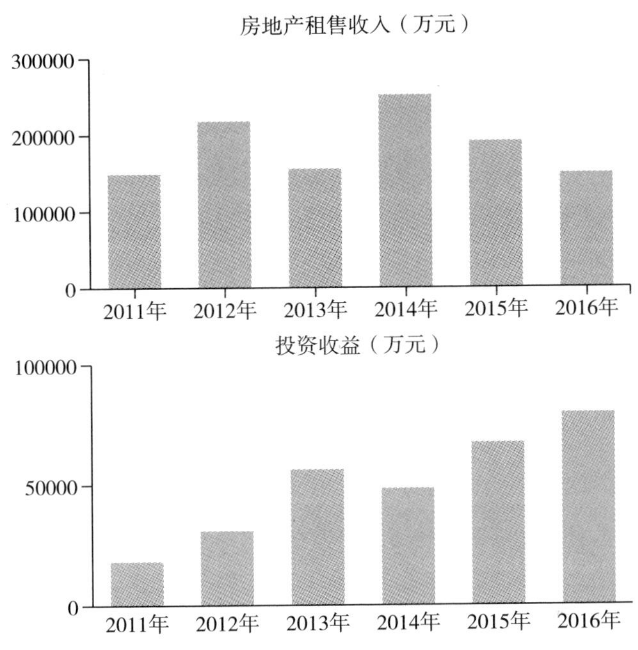

图12-3　张江高科发展历程中房地产租售收入与投资收益

资料来源：张江高科历年公司年报。

二、产业投资业务

高科技产业投资是张江高科利润的重要来源。利用其园区开发运营商的先天优势，选择优质企业进行资本投入，在吸引优质企业入驻的同时，也能够分享企业成长红利。2016年，张江高科以科技投行作为战略发展方向，加大科技投资力度，通过直接投资、参股基金投资、管理基金投资等多种方式精准投资，对外实际完成股权投资总额6.28亿元，其中直投项目中的百事通、赛赫智能等均为新三板上市企业。2016年11月，张江高科直接投资的康德莱和全资子公司张江浩成通过子基金投资的步长制药均成功在上海主板上市。公司业已形成了“投资一批、股改一批、上市一批、退出一批、储备一批”的良性滚动格局。

2016 年张江高科以基金模式成功收购了创智天地四期 1、2 号楼，实现了首次跨越区域参与房地产基金的投资；并与光大安石联合收购园区星峰企业园物业，在吸收园区内优质物业资产的同时，与光大安石在房地产基金领域拥有的丰富运作管理经验进行优势互补，提升公司房地产业务的基金操盘能力，推动了公司地产板块从传统开发向房地产金融转化。

2016 年，张江高科共计实现投资收益 7.97 亿元，同比增加 18.63%，投资收益占利润总额的比重呈增长趋势。未来，产业投资收益将成为公司业绩的重要增长力量。

三、创新服务业务

随着张江园区入驻企业的数量和质量不断提高，园区土地的附加值也越来越高，基于分享土地升值红利的目的，张江高科不断拓展业务范围，从只为入驻企业提供空间载体以及简单的入驻服务，逐步发展成为为企业提供多类别和高质量服务，它实质是对客户价值的二次开发，充分挖掘潜在的客户需求，在帮助园内企业做优做强的同时，也将培养园区新的盈利增长点。

表 12-1　园区衍生增值服务平台及其内容

企业服务平台	服务内容
咨询服务	从为企业提供创业导师服务开始，逐渐发展为向企业提供各项咨询、投融资业务的资本及综合服务提供商，一站式咨询服务平台（包括企业设立、财务管理、政策咨询、工程咨询及配套服务等）
金融服务	张江高科成立有中小企业信贷担保公司及产权交易中心，为企业提供超短期资金融通、融资担保、小额贷款等服务，并通过建立中小企业信用评价体系，为中小企业技术创新提供产权、股权、投融资配套服务
孵化服务	张江高科在提供集约式空间服务的基础上，还提供包括物业、公关、行政、会计、法律、投融资在内的一系列专业服务，并为企业不同的发展阶段提供针对性的阶梯式孵化服务

续表

企业服务平台	服务内容
PE / VC	通过直接投资以及与各类基金合作等渠道和方式，实施从天使、VC、PE 到产业并购的投资链布局，投资设立了金融和集成电路领域的专业投资平台，并积极启动推进生物医药投资平台和高科技应用技术转化服务平台的投资工作
物流仓储	可为企业提供寄售维修型保税仓库、公共型保税仓库、普通货物仓库三种类型仓库
园林绿化	注重园区绿化服务质量与环境保护工作，主要服务于园区的征地安置、超市以及市政绿化工程和养护
通讯服务	可依靠开放式通信平台“张江新网”覆盖张江高科技园区内每一栋楼宇，为用户提供多种方式的接入服务，同时也为客户提供网络管理和安全检测等增值管理服务

资料来源：中国指数研究院综合整理。

当然，张江高科的转型，也离不开专业化的人员配置和架构，明确了“专业化的团队、市场化机制、集成化的服务”的战略定位，通过制度创新突破瓶颈。张江高科目前已经设立产业投资事业部和资产经营事业部，这些团队中员工的职责不仅限于房管员，同时要有产业地产或科技金融行业从业经验，具备投行的思维、能力和服务水平，做到与园区的CEO可以直接对话，了解企业可以享受的政策，从而帮助园区企业实现利润最大化。在不断地提升服务质量的同时，从原来的空间合伙人、房管员逐渐转变为企业的“时间合伙人”“科技投行”。

而张江高科形成了一套中长期的激励机制和创投项目跟投机制，张江高科允许员工和团队提取超额利润购买公司股票，通过人事制度打破“铁交椅”，通过公司的双向选择制度打破“铁饭碗”，通过“易岗易薪易福利”打破“铁工资”，不断进行制度创新打破传统国企瓶颈，以“基础薪水 + 绩效薪水 + 中长期激励”的制度激发公司活力，同时包括公司领导市场化导向配置，尝试管理层持股，利用国资流动平台实现优质资源整合等，为转型发展奠定了基础。

第二节 采取产业链招商模式，注重打造产业集群

在张江高科刚开始成立时，园区就确立了“人才培养—科学研究—技术开发—中试孵化—规模生产—营销物流”的产业链招商模式，在市场需求和产业自身发展的双重驱动下，积极促进产业新城内各产业资源的迅速集中，并积极拉动产业新城内主导产业与其相关行业的关联性，使其产生集群优势和规模优势，并积极拓展关联产业的入驻，推动新城内各产业上下游企业的迅速发展和互补。同时，各产业链条之间的横向与纵向关联，也极大地扩充了产业链条的完整性，通过培育立体的产业网络，带动和提升了相关产业的整体规模与水平，由产业集群打造产业新城的核心竞争优势，并实现目标产业在张江的跨越式发展。

图 12-4 张江高科技园“4+4”产业格局

资料来源：中国指数研究院综合整理。

目前，张江高科技园区主要打造的两大产业集群（一是包括信息技术、互联网技术的“E”产业群，另一个是包括生物、化学制药研发、医疗器械等在内的“医”产业群），拥有国内最完整的产业链和创新链，将引领张江参与上海打造具有全球影响力的科技创新中心的建设。公司逐步建立起以信息技术、生物医药、文化创意、低碳与新能源为主导产业，先进制造业、科技金融、医学服务、现代农业为拓展产业的“4+4”产业格局。其中，集

成电路产业拥有中国大陆产业链最完整的集成电路布局。生物医药产业是中国研发机构最集中、研发链条最完善、创新活力最强、新药创制成果最突出的标志性区域。

表 12-2　　张江高科技园区四大支柱产业情况

信息技术产业	主要包括集成电路、软件与信息服务、光电子、消费电子终端等，其中集成电路产业形成了包括设计、制造、封装、测试、设备材料在内的完整产业链，产值约占全国的 1/3。软件行业也聚集了大批国内外知名软件企业、研发机构，包括宝信软件、美国花旗、印度 INFOSYS、TATA 等，全球 30 强中有 8 家、中国 100 强中有 11 家在张江设立了研发中心
文化创意产业	以数字出版、动漫影视、网络游戏以及创意设计领域为产业特色，园区集聚了盛大文学、炫动卡通、Blizzard Entertainment（暴雪娱乐）、Electronic Arts（美国艺电）、聚力传媒、沪江网、河马动画等一大批国内外优秀文化创意企业。2008 年张江文化产业园被国家新闻出版总署正式命名为全国第一家国家级数字出版基地，2011 年被国家文化部正式命名为国际级文化产业示范园区
生物医药产业	新药探索、药物筛选、药理评估、临床研究、中试放大、注册认证到量产上市
低碳环保产业	重点发展智能电网、水处理、生物燃料、生物脱硫、节能环保设备研发及环保服务业务，林洋电子、益科博等企业迅速发展

资料来源：中国指数研究院综合整理。

此外，借助上海建设全球科技创新中心的契机，张江园区着力打造“四新”经济创业基地，培育、引进一批“四新”经济企业，加快推动园区“四新”经济企业集聚发展，使张江成为“四新”经济发展的策源地和集聚地。

第三节　注重创新要素集聚，打造国际化创新环境

在产业链式招商引资方式及产业的高科技含量基础上，张江高科的四大主导产业形成了较强的集群制造功能，也直接带动了相关创新资源向园区内的集聚，最为显著的是带动了人才，特别是海外归国人才、国外技术、研发机构以及外资等高端创新要素的快速集聚，从而形成了相应的创新集群。目前，张江高科集聚了 300 多家世界 500 强企业、43 所高等学校、50

多家国家科研院所、34 个国家重点（工程）实验室、31 个国家工程（技术）研究中心和 300 多家跨国公司研发机构。159 名院士、380 名国家“千人计划”人才、2 万多名归国海外留学人才、20 多万名科技人员以及 60 多万名在校大学生和研究生正汇聚张江示范区创新创业。一大批创新型企业在迅速孵化，企业逐渐成为产业新城内自主创新的主体。与此同时，作为创新体系与创新集群建设的关键节点之一，一大批相关高端创新机构在快速集聚，集群创新专业服务也在快速形成。

表 12-3　　张江高科园区主要高端创新机构一览

创新集群	主要机构
全球研发链	通用电气研发中心、Henkel 研发中心、HP 研发中心、DSM 研发中心、中科院浦东科技园、IBM 研发中心、DuPont 研发中心、Honeywell 研发中心、上海光源中心、中兴通讯研发中心、陶氏化学研发中心、商用飞机研发中心、联想上海研发中心、AMD 研发中心
大学、院校	西安交通大学上海研究院、新加坡南洋理工大学、浦东外国语学校、北京大学微电子研究院、清华大学微电子中心、中国美术学院、张江设计分院、上海电影艺术学院、交通大学信息安全学院、上海中医药大学、复旦大学（软件学院、微电子研究院微分析中心、药学院）

资料来源：中国指数研究院综合整理。

此外，张江高科通过打造“895 创业营”，为张江高科技园区现有的企业，搭建与资本直接对话的平台，包括初创期项目和成长期项目。“895 创业营”突破传统实体孵化器仅提供物业空间的局限，更多地强调“投资 +”的孵化理念，以“虚拟 + 实体”的孵化形式，全方位对接创业资源。目前，张江高科孵化器已为园区近 800 家中小企业提供公共孵化平台支持，与近 300 家中介服务机构建立“服务超市”。孵化范围近 10 万平方米，累计引进中小企业 400 余家，平均孵化时间 2.15 年，巨大创新“宝库”资源有望被深度挖掘。

张江高科也凭借“895 创业营”这个众创平台，开启“房东 + 股东”模式，加快向资本前端靠拢，从单纯的“空间提供商”向创新创业企业的“时间合伙人”转变，并在物理空间、产业集群、产业投资、金融资源、资本市场和公共资源六大方面形成了独特的优势。张江高科主动参与到创业企业生命的全周期中，通过整合资源，为不同阶段、不同规模的创业企业提供集成服务，逐步塑造张江高科在资本市场上“科技地产，创新投资”的形象。

张江园区建设之初，自觉对标全球科技创新的高地，“创新”也是历任园区的开发管理和建设者持之以恒，为之追求的终极目标。张江园区在创新环境营造上注重两个方面：一是通过上海自贸区建设的契机，打破阻碍创新要素流动的瓶颈和障碍；二是营造一个富有效率的环境，让创新资源能够集聚，在创新创业环境的营造上做工作，如张江综合性国家科学中心的建设。与此同时，张江园区也将以更为开放的心态汇聚全球创新资源，在国际孵化器集聚区建设创新公共服务平台。当越来越多的全球孵化创新网络在张江设置“节点”的时候，张江自然而然就多层次、多维度地纳入了全球创新生态系统。

2016年，张江高科技园区跨国企业联合孵化器签约落成，包括联合利华、IBM和通用电气在内的多家国际巨头签约入驻。微软也与张江管委会签署了有关建设张江云暨移动应用孵化基地的战略合作备忘录。以“物联网”和“智慧城市”为切入点，依托张江园区信息技术产业的优势，建设创新生态圈。

表12-4　张江高科技园区打造国际化的孵化创新环境

国家	孵化机构
美国	Plug and Play科技中心是美国亚美迪集团公司旗下一家专注于帮助创业团队快速成长的科技企业孵化加速器，被美国硅谷《商业时报》评为“2014年度最佳孵化和投资机构”
以色列	上海医汇谷智慧医疗创新中心，由上海创实医疗设备有限公司和以色列库卡曼法雅投资公司共同设立
芬兰	“中芬金桥”中心，在张江园区已运营十年时间，累计引进超过100家芬兰企业落户张江，张江成为其进入和熟悉中国市场的桥头堡
瑞典	瑞典清洁能源联盟在张江设立“北欧清洁能源”加速器，旨在引进斯堪的纳维亚地区的清洁能源项目落户上海
韩国	REHOBOTH作为韩国最大的民营孵化器，创立于1998年，已经设立了36家孵化器，孵化了3600+创业企业。REHOBOTH与韩国政府、金融机构、韩国大学等建立了紧密的合作，为创业企业的发展提供了全方位的支持，为创业者提供良好的创业生态

续表

国家	孵化机构
德国	“德国中心”入驻张江也已超过10家，是专为德国企业进入中国市场探路而建立的调查研究中心，向德国企业提供从市场咨询、秘书翻译、谈判展览到办公用房等全面服务，被誉为设在中国的“德国之家”
日本	Xnode携日本武士阵加速器即将入驻张江，武士阵的使命是成为中日之间的桥梁，用中国创新的活力影响日本，用日本优秀的企业带动中国。武士阵创业加速器与日本的TVS，Samurai Incubate， Digital Garage， Cyber-Agent，Skyland Ventures等有密切合作

资料来源：中国指数研究院综合整理。

张江高科技园区在开发建设中，依托于园区创新要素和资源集聚领先优势，逐步形成了以“产业地产开发运营、产业投资和创新服务”为核心的业务模式。同时，张江高科技园区在招商过程中，采取产业链招商模式，注重产业集群的打造，带动和提升了相关产业的整体规模与水平，实现园区跨越式发展。

纵观国内外产业新城发展历程，不乏成功的产业新城模式。尔湾生态新城以市场化的运作机制，凭借其良好的区位优势、交通条件以及自然环境，成功吸引人口，实现产业集聚，带动城市发展升级，实现城市健康可持续发展。米尔顿·凯恩斯新城通过政府扶持、市场运作，牢牢把握人口红利，以城市规划为依托，紧跟城市不同发展阶段需求，弹性规划，构建“反磁力”城市。固安产业新城依托PPP模式，植入“以产兴城、以城带产、产城融合、城乡一体”理念，着力产业优先策略，构建产业发展创新生态体系，打造“产业高度聚集、城市功能完善、生态环境优美”的产业新城。张江高科技园区以“科技投行”为方向，打造“房东+股东”“股东引房东”模式，实现产业地产的有形资源向产业投资的无形资源转化，开创产业地产和产业投资有机融合新模式。历经半个世纪的探索发展，产业新城实践者用坚实的行动证明了其未来的光明前景，有效地解决了“大城市病”，并实现产业集聚，探索出一条新型城镇化建设的有效途径。

参考文献

[1] Chertow. Industrial symbiosis: literature and taxonomy. Annual Review of Energy & the Environment，2000，25（1）

[2] Hui E. and M. Lam，2005，Comay Y. and A. Kirschenbaum，1973

[3] Harvey D. The urban process under capitalism: a framework for analysis. You have free access to this content International Journal of Urban and Regional Research，1978（2）

[4] Jay Wright Forrester. Urban Dynamics. Pegasus Communications. 1969

[5] Robert Cervero，University of California，Berkeley. TOD 与可持续发展 . 城市交通 . Jan 2011，9（1）

[6] S Bouton. How to make a city great. Diplomatic Courier，2013

[7] Weber A，Frienrich C. J. Theory of The Location of Industries，University of Chicago Press，Chicago，1962

[8] William Cronon. Nature’s Metropolis. 1991

[9] R.J. 约翰斯顿主编，柴彦威等译 . 人文地理学词典 . 北京：商务印书馆，2004

[10] 白雪洁等 . 论日本筑波科学城的再创发展对我国高新区的启示 . 中国科技论坛，2008（9）

[11] 包雄伟 . 我国大都市区新城规划的实施模式研究——以上海临港新城为例 . 2010

[12] 边叶，刘哲奇 . PPP 产业基金运作模式浅析 . 当代经济，2016（11）

[13] 蔡润娴 . 产城融合发展视角下的公共服务研究——以无锡（太湖）国际科技园

为例 . 2016

[14] 陈永生 . 城市功能定位研究——以辽源市为例 . 东北师范大学，2006

[15] 陈建国，于斌斌 . 增长极理论演化：产业转型升级新空间研究——基于绍兴市滨海新城建设的实证研究 . 未来与发展，2011（8）

[16] 陈慧娟、吴秉恩 . 台湾中小企业动态发展与人力资源管理作为关系之研究，中山管理评论，2000/12，第 8 卷第 4 期

[17] 程子彦 . 张江高科探索差别化众创模式 . 中国经济周刊，2015（42）

[18] 方圆震 . 全国金融工作会议在京召开 http://www.gov.cn/xinwen/201707/15/content_5210774.htm，2017-07-15

[19] 冯奎 . 中国新城新区转型发展趋势研究 . 经济纵横，2015（4）

[20] 冯奎等 . 中国新城新区发展报告 . 北京：中国发展出版社，2015

[21] 顾静等 . 尔湾市的规划及发展特征带来的启示，建筑与文化，2015（6）

[22] 郭澄澄 . 张江高科技园区应加快向产城融合的科学城转型 . 华东科技 2014，（11）

[23] 刘晶、刘雯雯 . 我国加工贸易产业梯度转移研究 . 宏观经济研究，2012（9）

[24] 国家新型城镇化规划（2014 — 2020 年）. http://www.ndrc.gov.cn/fzgggz/fzgh/ghwb/gjjh/201404/t20140411_606659.html

[25] 郭磊、张高攀等 . 国际新城新区建设实践，城市规划通讯，2015（24）

[26] 郭乾 . 国际科技创新园区发展经验探索 . 智能城市，2016（8）

[27] 郭上，孟超，孙玮，张茂轩，聂登俊 . 关于 PPP 项目资产证券化的探讨 . 经济研究参考，2017（8）

[28] 何军 . 产业新城 PPP 模式研究 . 东北财经大学，2015

[29] 纪良纲，陈晓永等 . 城市化与产业集聚互动发展研究 . 北京：冶金工业出版社，2005

[30] 贾康，孙洁 . 公私伙伴关系（PPP）的概念、起源、特征与功能 . 财政研究，2009（10）

[31] 贾生华，杨菊萍 . 产业集群演进中龙头企业的带动作用研究综述 . 产业经济评论，2007（6）

[32] 姜秋全等 . 空间规划与产业发展的互动研究与实践——以株洲产业新城为例 . 城

市规划学刊，2012（s1）
[33] 亢亚娟 . 产业新城模式——房地产业创新方向及案例 . 上海房产，2016（6）
[34] 况峰 . 成都市产业地产发展模式研究 . 四川省社会科学院，2013
[35] 李健飞 . 美国房地产信托基金研究及对我国的启示 . 国际金融研究，2005（1）
[36] 李清娟 . 产业发展与城市化 . 上海：复旦大学出版社，2003
[37] 李清雅 . 我国产业地产融资渠道探析 . 首都经济贸易大学，2014
[38] 李晓鹏 . 产城互融模式下的产业新城规划初探 . 山西建筑，2015（4）
[39] 李志启 . 什么是 ABS 融资模式 . 中国工程咨询，2015（8）
[40] 刘芹等 . 中日韩高科技园区发展的比较研究，智能城市，2008（8）
[41] 刘易斯 · 芒福德 . 城市发展史：起源、演变和前景 . 宋俊岭、倪文彦译 . 北京：中国建筑工业出版社，2005
[42] 吕杨 . 大城市空间扩展中的产业新城规划对策研究——以天津市武清新城为例 . 天津大学，2010
[43] 钱颖一 . 硅谷的故事 . 经济社会体制比较，2000（1）
[44] 覃健 . 我国房地产开发企业融资组合模式研究 . 广西大学，2007
[45] 孙维琴 . 集聚与融合：张江高科技园区国际孵化与创新环境，华东科技，2016（8）
[46] 汤汇浩 . 高科技园区综合发展要素及其作用实证分析 . 中国科技论坛，2011（6）
[47] 王挺 . 产业新城的正确打开方式——基于国际经验的视角 . 中国房地产，2016（17）
[48] 王勇 . 中国新型城镇推进过程中主导产业选择及发展模式分析 .
[49] 卫露娟 . 我国 REITs 在应用中的问题及对策研究 . 首都经济贸易大学，2016
[50] 温田勇 . 基于“三规合一”的产业新城规划研究 .
[51] 向世聪 . 园区经济与城市经济互动发展研究 . 北京：中国社会科学院城市发展与环境研究所，2010
[52] 邢海峰 . 新城游记生长规划论 . 北京：新华出版社，2004
[53] 徐洁 . 中国产业投资基金发展模式研究 . 辽宁大学，2011

[54] 徐靖．新城人口导入机制与调控对策研究．华东师范大学，2015
[55] 亚洲开发银行．中国城市化的战略选择．菲律宾，2013
[56] 严学锋．张江高科：醒狮渐雄起，董事会，2015（8）
[57] 杨卡．中国大都市郊区新城社会空间研究——以南京市为例．长春：吉林大学出版社，2012
[58] 俞国琴．中国地区产业转移．上海：学林出版社，2006
[59] 于承龙等．张江高科搭建中国首家制造科技服务平台，中国经济周刊，2015（42）
[60] 张东彪．产业集聚中龙头企业外溢效应分析．商业经济研究，2015（10）
[61] 张捷．当前中国新城规划建设的若干讨论——形势分析和概念新解．城市规划，2003（5）
[62] 张琴．基于城市经营的园区人文环境建设，上海城市规划，2009（5）
[63] 张莉．尔湾：解读美国后大都市时代城市发展，华东科技，2012（3）
[64] 张秀山，张可云．区域经济发展的极化理论．上海：商务印书馆，2003
[65] 张学勇，沈体雁．产业新城土地利用现状评价——以营口为例．城市问题．2013
[66] 陈烨．从特大城市周边卫星新城转向区域中心城市的蝶变——密尔顿·凯恩斯的经验．城市发展研究，2017，24
[67] 王唯山．密尔顿·凯恩斯新城规划建设的经验和启示．国外城市规划，2001（2）
[68] 姜涛．由密尔顿·凯恩斯新城规划看当代城市规划新特征．规划师，2002（04）
[69] 中国社会科学院城市发展与环境研究中心．中国城市发展报告．2017
[70] 周九锡．新常态下产业新城发展与新型城镇化相关性分析．中华建设，2016（11）
[71] 朱嘉红，邬爱其．基于焦点企业成长的集群演进机理与模仿失败．外国经济与管理，2004（2）